新コロナシリーズ 55

人のことば、機械のことば

―プロトコルとインタフェース―

石山 文彦 著

コロナ社

まえがき

テレビを見るのに普段リモコンを使っていると思いますが、どうしてリモコンでテレビをつけたり消したりできるのかご存知でしょうか？　じつはテレビとリモコンとの間で、機械どうしで通じ合う言葉で会話をしているからなのです。魔法でもなんでもありません。とても簡単で当たり前のことをしているだけなのです。でも私たちは機械の言葉を知りません。機械どうしの会話に使われている言葉を知らなくてもちゃんと機械を使いこなせるのは、知らなくてもすむように工夫されているからなのです。

この本の目的は、機械どうしの会話に使われている言葉と普段の会話で使われている言葉との類似性を感じてもらうことにあります。そのために、普段の会話で無意識のうちにどういうことをしているのかを解き明かすことから始めていきます。そして、なぜ機械どうしの会話に使われている言葉を知らなくても機械を使うことができるのか、その工夫のタネ明かしをしていきます。さらに、「リテラシー」の話もしていきます。

ここで簡単にタネ明かしをしてしまいます。機械どうしの会話に使われている言葉は、赤ちゃん言葉のようなものでしかないのです。例えばテレビのリモコンでいえば、リモコンのボタンを押すと、ボタンに応じて「入」「切」のような単語を、赤外線という目に見えない光を点滅させて、手旗信号のように伝えているだけなのです。インターネットも携帯電話も、見えないところで同じように簡単な単語の羅列を使って機械どうしの会話をしています。インターネットは電気の点滅を使った会話が多く、携帯電話は電波を使った会話になっています。

機械どうしの会話に使われる言葉は簡単な単語の羅列でしかありませんから、機械の言葉ではちゃんと物事を考えることができません。機械は本当の意味での知性を持つことができないのです。これが人の言葉と機械の言葉との最大の違いなのですが、「言葉」というキーワードを通して、「リテラシーって何?」「知性って何?」と考えるきっかけになればうれしく思います。

このような機械どうしの会話を考える学問を「通信工学」といいます。通信工学の世界では、機械どうしの会話に使われる言葉の語彙と文法を「プロトコル」、会話のやり取りを「プロトコルシーケンス」、機械の言葉を知らなくても機械を使えるようにする工夫を「インタフェース」といいます。この三つの単語を使いこなせるようになれば、通信工学の世界が見渡せるようになります。そういう意味で、この本は通信工学の入門書なのですが、同時に、コミュニケーション論の入門書でもあるのです。

通信工学は理系でコミュニケーション論は文系ですから、水と油のように思えるかもしれません。でもそんなことはないのです。コミュニケーション論は、通信工学や情報科学などの理系分野の影響を受けながら発展してきているところがあるからです。ですから、文系的なテーマを理系的に取り上げ、考える場として、コミュニケーション論は恰好の舞台なのです。

理系的な考え方を身につけることで、文系の世界を理系的に見渡すことができるようになります。すると、各分野の専門用語に引きずられて別々なものに見えていたものの共通性が見えてくるのです。そして、たがいに無縁に見えていた分野間のつながりが見えてきて、視界がひらけ、知識がつながっていきます。

さらに、分野間のつながりが見渡せるようになると、各分野がどのような領域をどのようにカバーしているのかが見えるようになります。カバーのしかたの違いが、それぞれの分野の個性なのです。

これは、外国語を覚えて初めて日本語の個性が見えてくるというのと同じです。例えば、漢文を学ぶことで、「真名（漢字）」に対する「仮名」という、日本語の個性が見えてくるのです。よその言葉を知ることで、自分の言葉の個性が見えてくるのです。だからこそ、よその言葉を見渡せるようになるための技術が必要なのです。

この本は、京都女子大学で行っている講義を下敷きにしています。この講義では、「学んだことを自分なりの図で表現する」という演習を行っています。学んだことを図で表現することで、頭のなかを整理できるのです。

講義に出てきたキーワードを暗記しただけでは図で表現することはできません。キーワード間の仲間関係や親子関係などを理解できている必要があるのです。キーワードだけを覚えてわかったつもりになっている人は，なかなか手が動きません。それでようやく，理解の甘さに気づけるのです。

その一方で，頭のなかがきれいに整理されている人は，自由奔放に図や絵で表現してきます。もちろん講義は踏まえているのですが，遊び心にあふれているのです。

こうしてでき上がった作品のいくつかを本文中で紹介しています。江藤亜耶さんの「あいうえお」，伊藤織葉さんの「止まれ」，田中育子さんの「水汲んで」です。どれも楽しい作品ですので，探してみてください。

二〇〇六年十一月

石山　文彦

もくじ

1 レイヤー構造

2 リテラル理解とリテラシー

3　語彙・文法・受け答え

1 レイヤー構造

京都議定書

ちょっと不思議に思えるかもしれませんが，「京都議定書」の話から始めていきたいと思います。環境問題や省エネに興味のある人にはよく知られているのですが，京都議定書は地球温暖化防止のための国際的な約束事を記したものです。なぜ京都議定書なのかというと，これを英語で「キョウト・プロトコル」というからです。このような約束事をまとめたものを日本語では「議定書」，英語では「プロトコル」というのですが，この「プロトコル」という考え方が，この本の重要なキーワードとなるのです。

約束事という視点でまわりを見渡してみると，スポーツのルールも，日本で家に上がるときには靴を脱ぎましょうというのも、プロトコルという考え方でとらえることができます。日常生活は暗黙のプロトコルに満ちていて、それを無意識に使っているのです。文化そのものが、暗黙のプロトコルの集まりなのです。

一般的には、日本のプロトコルは外国では通用しませんし、外国のプロトコルは日本では通用しません。日本で見かけるへんな外国人がへんに見えるのは、自分の国のプロトコルに従った言動をしているからで、日本のプロトコルとのギャップがへんに見えるのです。

日常生活にプロトコルがあるのと同じように、機械どうしの会話にもプロトコルがあります。インターネットがつながるのも、携帯電話で話ができるのも、プロトコルのおかげなのです。機械どうしがプロトコルを共有しているからこそ、ちゃんとインターネットにつながって使えるのですが、機械どうしの会話を理解するためには、ほかにも知っておく必要のある考え方があります。それは「レイヤー」という考え方と「インタフェース」という考え方です。どちらの考え方も日常的に無意識にしていることに名前をつけただけの身近なものですので、つぎにそれをみていくことにしましょう。

「話す・聞く」のレイヤー構造

初めに、普段のおしゃべりでどういうことをしているのかを、「レイヤー構造」の考え方を使ってみていきます。おしゃべりの場面では、ただ言いたいことを言って、相手の言うことに相槌《あいづち》をうっているだけとしか思いつかないかもしれません。でも、本当はとても複雑なことをしているのです。

このおしゃべりの場面でしていることを書き下してみましょう。相手に気持ちを伝えるためには、まず、気持ちを言葉にする必要があります。そして、その言葉を口に出すことで相手に気持ちを伝えます。相手は、あなたの声を聞き、その言葉からあなたの気持ちを感じ取ります。これだけのことをしているわけです。この流れを構造化すると、図1のようになります。

図1には四つの「レイヤー」というものが出てきています。とりあえず、「思考レイヤー」、「言語レイヤー」、「入出力レイヤー」、「物理レイヤー」と名前をつけてみました。それぞれ、「考え・気持ち」、「言葉」、「体の動作」、「体の外」という意味合いです。レイヤーの名前は好きなようにつけてかまいません。その気持ちさえ通じればいいのです。

図1を順にみていきましょう。あなたが相手に伝えたいのは、「気持ち」の部分です。図でいう

と一番上にある思考レイヤーの部分です。思うだけで伝わればいいのですが、そうはいきません。思いを相手に伝えるためには、気持ちを「言葉」に変換する必要があります。この「変換」が、図でいうと、思考レイヤーと言語レイヤーとの間にある下向きの矢印です。この、縦方向の矢印で示されている、「あるレイヤーのものを別のレイヤーのものに変換する」作業を、通信工学の世界では「インタフェース」といいます。

気持ちを言葉に変換しましたが、この言葉を相手に伝えなければ気持ちは伝わりません。ですから、その言葉を「口」に出す必要があります。つまり、言葉を口の動きに変換するのです。ここでも「変換」が出てきました。言語レイヤーから入出力レイヤーへの矢印です。こうして口を動かして声にすることにより、あなたのまわりの「空

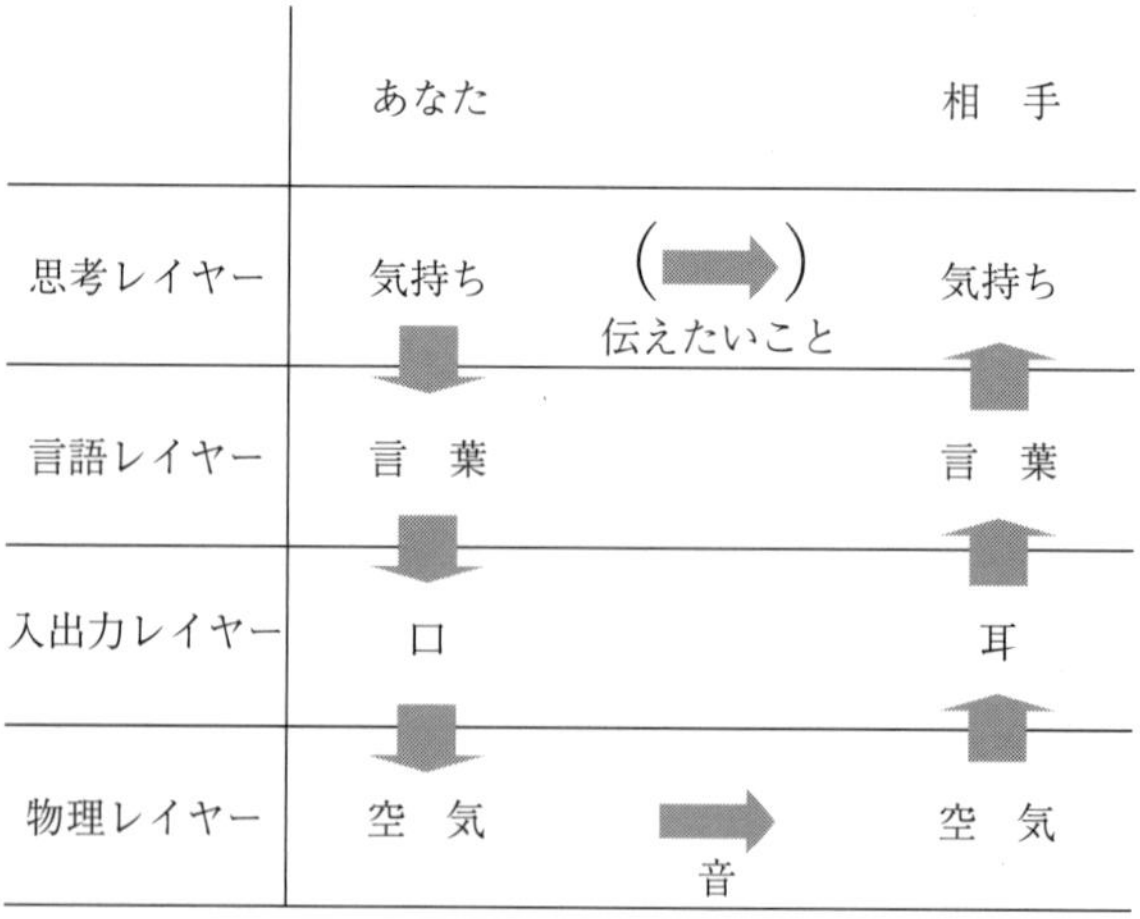

図 1　会話のレイヤー構造

気」が振動します。あなたの声が空気を振動させて音に変換されるわけです。図でいえば、入出力レイヤーから物理レイヤーへの矢印になります。こうして空気が振動することによって、あなたの気持ちはあなたの体から離れて相手の体に伝わります。図でいうと、一番下の右向きの矢印です。この横向きの矢印が「プロトコル」です。「同じレイヤーにある、あるものと別のものとを結び合わせるためのルール」がプロトコルなのです。

おさらいをしてみましょう。あなたは、自分の「気持ち」を相手に伝えるために、「気持ち」を「言葉」に変換し、さらに「言葉」を「口」の動きに変換し、声に出すことで「空気」の振動に変換しました。気持ちを相手に伝えるために、3回の変換を繰り返し、四つのレイヤーを使っています。

ここから先は逆の順序をたどっていきます。「空気」の振動は相手の体に伝わります。ここまでが物理レイヤーの仕事です。空気の振動は相手の「耳」の鼓膜の振動に変換されます。これが相手側の物理レイヤーから入出力レイヤーへの上向きの矢印、つまりインタフェースです。鼓膜の振動は神経を通って脳に伝わり、「言葉」に変換されます。これが相手側の入出力レイヤーから言語レイヤーへのインタフェースです。そしてさらに、言葉の意味を汲み取って「気持ち」の理解に変換するのが、相手側の言語レイヤーから思考レイヤーへのインタフェースです。こうして相手側も3回の変換を繰り返し、四つのレイヤーを使うことで、空気の振動として伝わったあなたの気持ちを理解することができるのです。このように、レイヤーからレイヤーへの変換関係を示したものを、レイヤー構造といいます。

「レイヤー」、「レイヤー構造」は、日本語ではそれぞれ「層」、「階層構造」といいますが、この本ではカタカナ言葉を使っていきます。日本語にすると耳慣れた意味に引きずられてしまい、ここで使いたい本来の意味が見えなくなってしまうことがあるからです。

いまの時点では、図1に出てくる横向きの矢印がプロトコルで、縦向きの矢印がインタフェースだとさえ覚えておけば、十分です。

筆談のレイヤー構造

ここまでくれば応用は簡単です。試しに筆談の場面を図にすると、図2のようになります。ここで、あとの説明のため、思考レイヤーと言語レイヤーとをまとめた「上位レイヤー」と、入出力レイヤーと物理レイヤーとをまとめた「下位レイヤー」というくくりを入れています。

レイヤーの名前は会話のときと同じですが、中身がちょっと違っています。入出力レイヤーで、「口」と「耳」とを使う代わり、「手」と「目」とを使っています。それに合わせ、物理レイヤーの中身も、「空気」から「紙」に変わっています。思考レイヤーや言語レイヤーはそのままです。要するに、口で話す代わりに手で紙に文字を書いて相手に見せ、相手はその文字を目で読んであなたの気持ちを理解するということです。

ここで重要なのは、下位レイヤーが変わっても上位レイヤーは変わらないという点です。思考レイヤーと言語レイヤーとは、コミュニケーションの手段として会話を使うか筆談を使うかに関係なく、いつでも同じなのです。ただし、下位レイヤーの中身を変える場合には、それに応じて言語レイヤーと入出力レイヤーとの間にあるインタフェースの中身を、入出力レイヤーに合わせて変える必要があります。このインタフェースが用意できていれば、下位レイヤーがどうなっているのかに関係なく自由に気持ちの伝え合いをすることができるのです。

これはインターネットでメールのやり取りをす

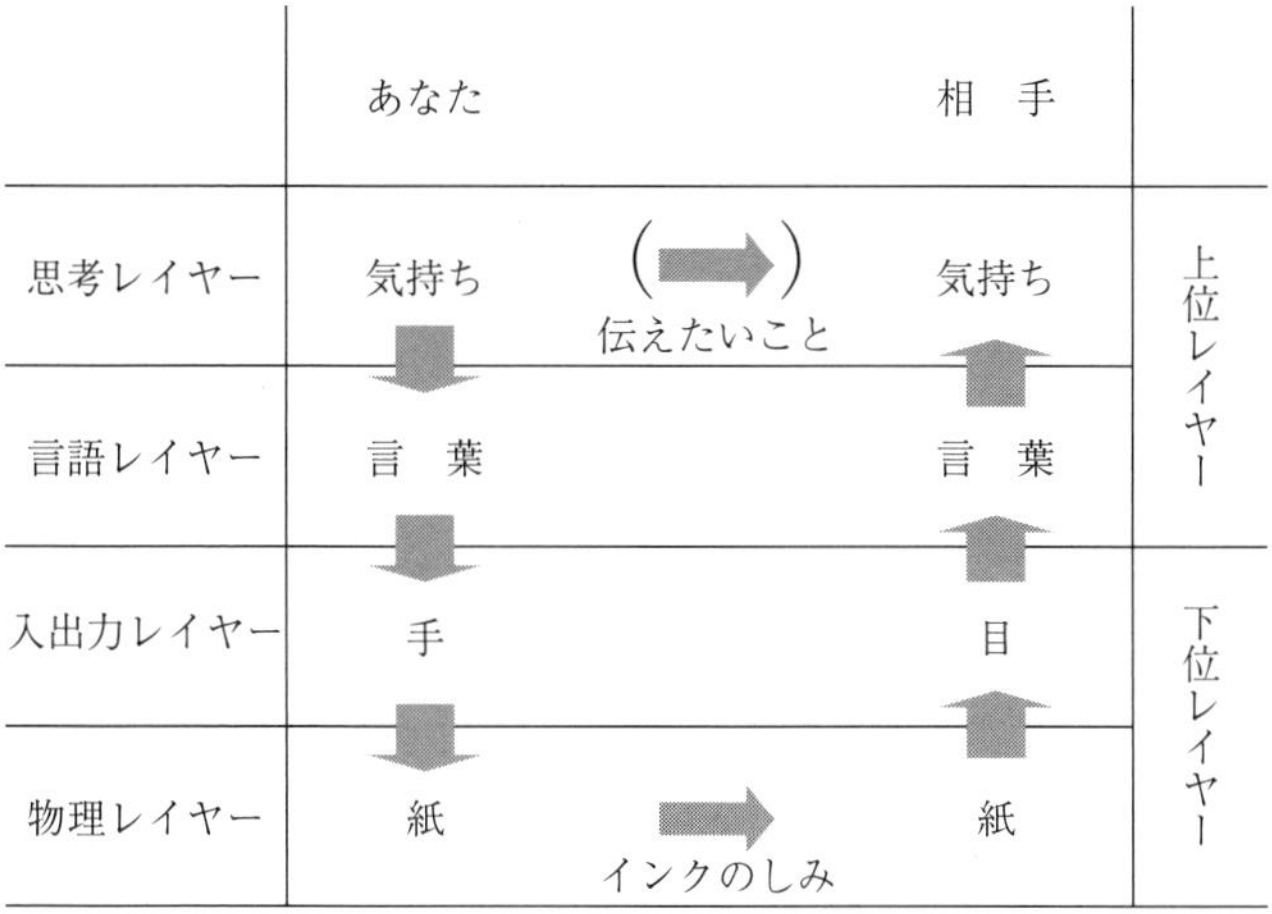

図 2　筆談のレイヤー構造

るときも同じです。キーボードやマウスの使い方を知っている必要があるのですが、これを知っていれば、メールを使って気持ちを伝えることができるのです。図2をメールのやり取りをする場面に書き直すには、一番下の物理レイヤーの中身を、「紙」から「パソコン」に代えればよいのです。もちろん、「パソコン」の部分は「携帯電話」でもかまいません。図3のようになります。

翻訳の仕事

ここまでで、「考えと言葉は一緒のものなので分けて考えるのはへんじゃないの？」と、不思議に思う人もいるかもしれません。そう思ったときは、その気持ちを例えばロシア語か何か、自分の知らない外国語で表現してみましょう。多分でき

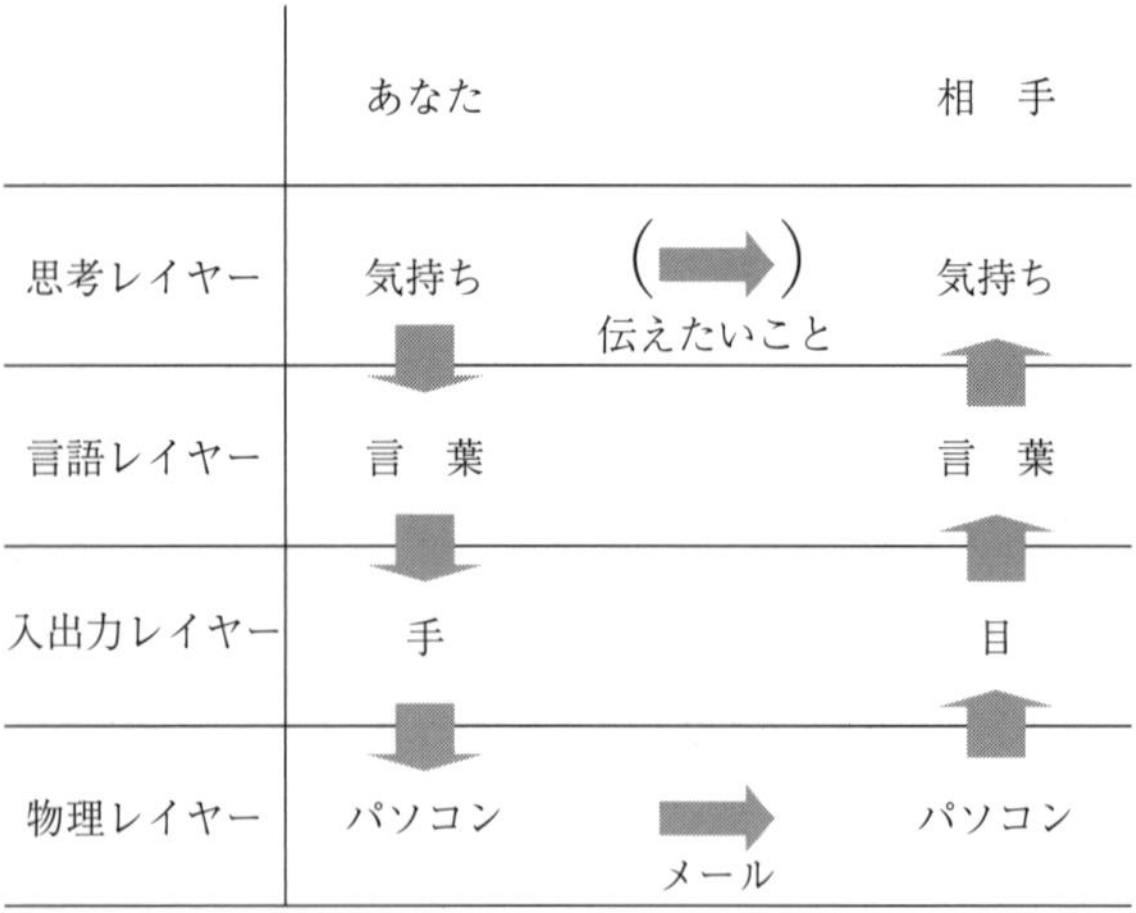

図3　メールのレイヤー構造

ないと思います。考えは、知っている言葉にしか変換できないのです。そのため、考えと言葉とを別々のレイヤーにしているのです。

ですから、例えば英語を話せる人は、考えを日本語にも英語にも変換して表現することができます。この場合、考えを日本語に変換するインタフェースと英語に変換するインタフェースとを持っており、さらに、言語レイヤーに日本語のプロトコルと英語のプロトコルとを持っているのだということができます。

英語の読み書きはできるけれどしゃべれないという人は、言語レイヤーから入出力レイヤーへの英語用のインタフェースの持ち合わせがないのだということができます。口が思うように動いてくれないのです。

こういう考え方は、話を聞く場合についても同じです。例えば、知らない外国語で話しかけられても、その外国語の音を言葉にすることができません。入出力レイヤーから言語レイヤーへの、その外国語用のインタフェースの持ち合わせがないからです。会話が成り立つためには、インタフェースとプロトコルとの持ち合わせが必要なのです。

持ち合わせがないときには、何かしらの仲立ちが必要になります。ここでは、そういう仲立ちの仕事をみていくことにしましょう。訳書を読む場面を取り上げます。

著者が英語しかわからず、読者が日本語しかわからない場合には、著者は自分の考えを読者に直接伝えることができませんし、読者も著者の考えを直接理解することはできません。そういうときの仲立ちをするのが、訳者の仕事です。ですから、訳書には著者と訳者との二人がいて、それぞれ別の役割を受け持っています。このときの構造を図にすると図4のようになります。

レイヤー構造の形と矢印の流れは基本的にはこれまでと同じです。違いは、間に訳者が入るくらいです。順を追って流れをみていきましょう。

著者は自分の考えを読者に伝えるために、自分の考えを英語に変換し、手を動かして英語の本を書きます。訳者は英語の本を目で読んで日本語に翻訳し、手を動かして日本語の本を書きます。読者は日本語の本を目で読んで著者の考えを受け取ります。こういう流れになっています。

ここで、訳者は言語レイヤーで英語から日本語

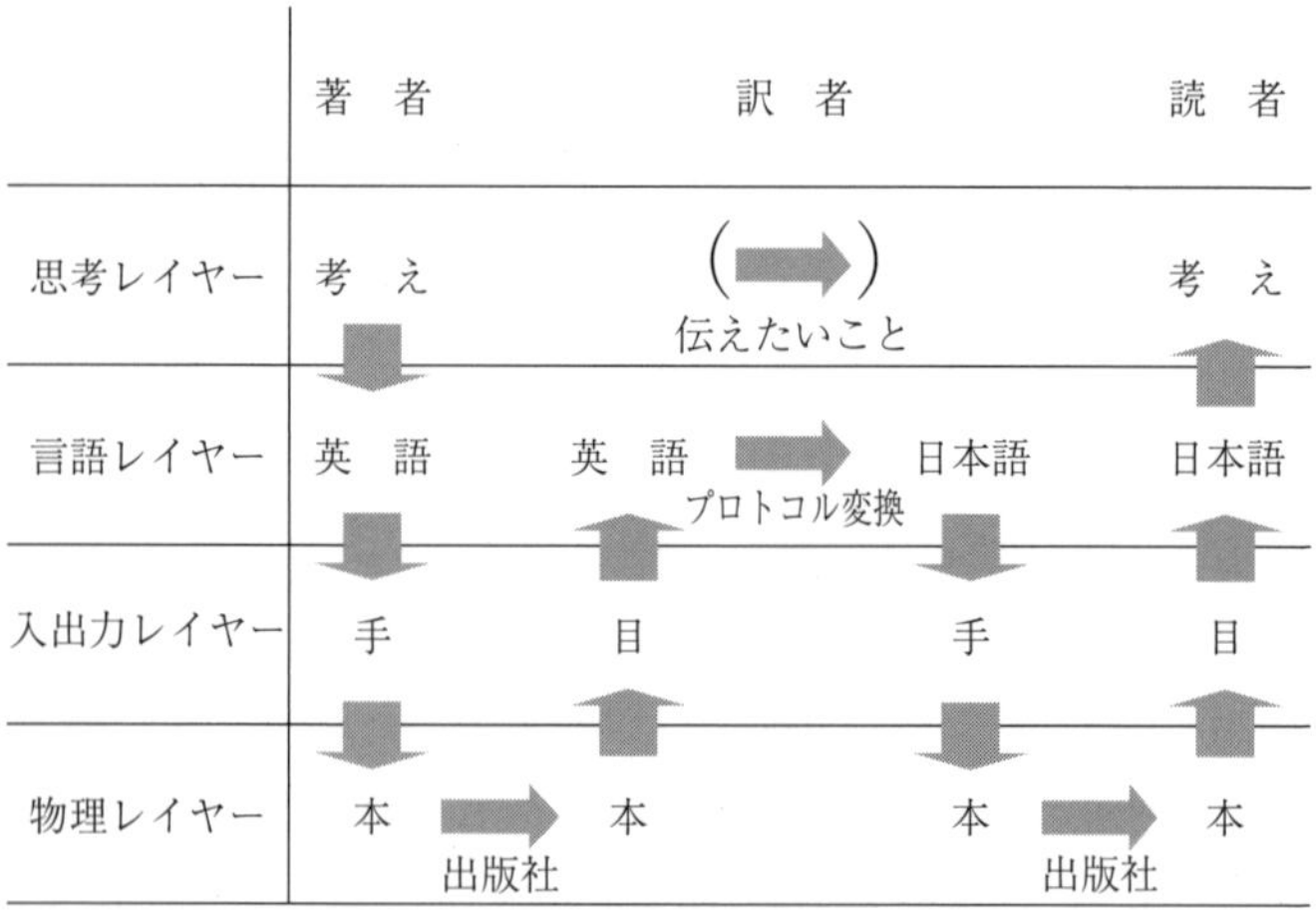

図4　翻訳のレイヤー構造

への変換をしています。このような，「レイヤー内での，あるものから別のものへの変換」を，「プロトコル変換」といいます。ですから，訳者の仕事はプロトコル変換であるといえます。

それから，訳者については思考レイヤーの部分が空白になっています。訳者のところでは，矢印の流れが言語レイヤーまで上がってくると，そこで横向きになってまた下がってしまいます。著者と読者とはちゃんと思考レイヤーまで矢印が通っているのに対し，大きく違っているところです。

これには理由があります。著者と読者とでは考えをわかり合うこと，訳者は翻訳（プロトコル変換）をすることが目的だからです。立場によって矢印がどのレイヤーまで上がっていくかが違ってくるのです。矢印が通る一番上側のレイヤーを「最上位レイヤー」ということにしましょう。ここでは，著者と読者にとっての最上位レイヤーは思考レイヤーで，訳者にとっての最上位レイヤーは言語レイヤーということになります。

それぞれの人にとっての最上位レイヤーが，その人の目的を示すレイヤーとなっているのです。そして，その下にあるすべてのレイヤーは，目的を達成するための手段を示すレイヤーなのです。どのレイヤーが目的で，どのレイヤーが手段なのかは，その人の立場によって違ってきます。ある人の目的が，別の人にとっては手段でしかないということが，普通にあるのです。そこで，それぞれの人にとっての最上位レイヤーを「目的レイヤー」，その下にあるすべてのレイヤーをまとめて「手段レイヤー」ということにしましょう。

目的レイヤーと手段レイヤー

誰にとって、どのレイヤーが目的レイヤーで、どのレイヤーが手段レイヤーなのかをまとめると、表1のようになります。ここでは出版社も加えています。出版社の目的は本を出版することですから、物理レイヤーが目的レイヤーとなります。

このように図表にしてみると、誰がどのレイヤーを目的としているのかがわかります。著者や読者にとっては思考レイヤーが、訳者にとっては言語レイヤーが、出版社にとっては物理レイヤーが目的レイヤーとなっています。それぞれのレイヤーの責任者といったところでしょうか。

レイヤー構造の図表を描くと、誰がどの仕事に対して責任があるのかを明確にすることができるのです。自分がすべき仕事の部分が目的レイヤーとなり、他人と協調したり任せたりするべき部分が手段レイヤーとなります。そして、目的レイヤーより上にあるレイヤーは、手を出すとややこしいことになってしまう部分に対応します。

表1　目的レイヤーと手段レイヤー

<table>
<tr><th></th><th>著者・読者</th><th>訳　者</th><th>出版社</th></tr>
<tr><td>思考レイヤー</td><td>目的レイヤー</td><td></td><td rowspan="3"></td></tr>
<tr><td>言語レイヤー</td><td rowspan="3">手段レイヤー</td><td>目的レイヤー</td></tr>
<tr><td>入出力レイヤー</td><td rowspan="2">手段レイヤー</td></tr>
<tr><td>物理レイヤー</td><td>目的レイヤー</td></tr>
</table>

訳者の立場がわかりやすいと思いますので、ここでは訳者の立場からレイヤー構造の表1をみていくことにしましょう。訳者にとっての目的レイヤーは言語レイヤーです。著者の英語の文章を正確に日本語の文章に変換する、プロトコル変換が訳者の仕事です。そのための手段として、著者が書いた英語の本を読み、日本語の本を書きます。英語の本や日本語の本を出版するという物理レイヤーの仕事は出版社の仕事ですので、その部分は出版社にお願いする必要があります。そして、出版社にお願いをすると確実に仕事をこなしてもらえます。

では、訳者が思考レイヤーに手を出すとどういうことになるでしょうか？　著者の目的は自分の考えを読者に伝えることなのですが、その途中にいる訳者が思考レイヤーにかかわってしまうと、読者に伝わるのは訳者の考えになってしまい、著者の考えは読者に伝わらなくなってしまいます。読者はそれが著者の考えだと信じて本を読んでいるのに、だまされていることになってしまいます。著者のことを誤解してしまう読者もたくさん出てきてしまいます。著者には「それは私の考えではなく、訳者の考えです」と説明する機会もありません。自分が知らないところで誤解されたままになってしまいます。ですから、著者にとっても読者にとっても迷惑な話になってしまうのです。そうならないよう、目的レイヤーより上にあるレイヤーには手を出さないように注意する必要があるのです。

ところで、目的レイヤーと手段レイヤーという分け方は、レイヤー分けの一番簡単な形になります。二つのレイヤーへのレイヤー分けは、筆談のレイヤー構造のところですでにしています（図2参照）。そこでは、思考レイヤーと言語レイヤーとをまとめて「上位レイヤー」とし、入出力レイヤーと物理レイヤーとをまとめて「下位レイヤー」としました。これは、会話の手段に空気を使うか紙やパソコンを使うかによって変化する部分と変化しない部分という形でのレイヤー分けでした。

レイヤーの分け方は、必要に応じて自由に決めてかまわないのです。必ず四つでなければならないということもありません。レイヤーの数を二つや三つにするのがよい場合も、逆に数を増やしたほうがよい場合もあります。一般的には、全体のおおまかな構造に興味があるときには粗くレイヤー分けをし、細かな構造に興味があるときには興味のある部分を細かくレイヤー分けしていきます。レイヤーの分け方を粗くしたり細かくしたりしたときのレイヤーの名前も自由に決めてかまいません。ただし、レイヤー分けを決めるとき、それぞれのレイヤーがどういう役割を持っているのかや、それぞれのレイヤー間のインタフェースがどうなっているのかについては注意深く考える必要があります。

開放型システム間相互接続

ここまで、会話や翻訳などの場面をレイヤー構造の図表にして説明してきました。ここでインターネットの話に軽く触れてみたいと思います。インターネットの世界もレイヤー構造の図で表現することができるのです。

インターネットを使っていると「ｈｔｔｐ」という文字をよく見かけますが、これは、「ハイパーテキストトランスファープロトコル」というプロトコルの頭文字です。このプロトコルを使うことで、いろいろなページを表示することができるのです。これと同じように、「ｉｐアドレス」というのもよくみかけますが、「ｉｐ」というのは、「インターネットプロトコル」というプロトコルの頭文字です。このプロトコルを使うことで、インターネット上のつながりたい相手を確実に見つけ出すことができるのです。同じように、メールのやり取りをするときには、「ポストオフィスプロトコル（ｐｏｐ）」というプロトコルや、「シンプルメールトランスファープロトコル（ｓｍｔｐ）」といったプロトコルが使われます。つまり、インターネットの世界は、たくさんのプロトコルが協力し合って動いているのです。

それぞれのプロトコルにはそれぞれ対応するレイヤーがあります。ここでは「開放型システム間相互接続」という考え方のレイヤー構造を紹介します。インターネットのレイヤー構造は、この考え方によるレイヤー構造を応用したものなのです。

開放型システム間相互接続は、英語では「オープンシステムズインターコネクション」といいます。通常はこの頭文字をとって「ＯＳＩ」と呼ばれています。ＯＳＩでは、レイヤーを七つに分けて考えます。七つのレイヤーにはそれぞれ番号と名前がついています。専門家はレイヤーの番号を使って「レイヤー１（Ｌ１）」とか「レイヤー７（Ｌ７）」とかいういい方をします。ＯＳＩのレイヤー構造をまとめると、図５のようになります。

ＯＳＩの七つのレイヤーのうち、目で見えるのは一番上にある「アプリケーションレイヤー」だけです。そこから下はパソコンのなかに隠れてしまっていて見えません。アプリケーションレイヤーの仕事は、パソコンを使うためのインタフェースを用意することです。メールソフトやブラウザーなどのソフトウエアがアプリケーションレイヤーだと思ってかまいません。

続いて上から順にレイヤーを紹介していきます。

L7	アプリケーションレイヤー
L6	プレゼンテーションレイヤー
L5	セッションレイヤー
L4	トランスポートレイヤー
L3	ネットワークレイヤー
L2	データリンクレイヤー
L1	物理レイヤー

図５　OSIのレイヤーモデル

「プレゼンテーションレイヤー」は，どこの国の言葉を使うかを決めているレイヤーだと思ってかまいません。「人が見てわかりやすい文字」と，「パソコンにとってわかりやすい文字」とでは全然違ったものになるのですが，両者の対応関係は国によってばらばらなのです。しかも，日本語だけでも何種類もの対応関係があります。そこで，このレイヤーで，どの対応関係を使えばいいのかを決めてあげているのです。普通は，このレイヤーの仕事はアプリケーションレイヤーの仕事と抱き合わせになっていて，明確には分かれていません。

「セッションレイヤー」は，ファイルのやり取りに相当します。例えばブラウザーでいえば，リンクをクリックしてからページの表示が完了するまでの一連のやり取りです。また，メールを送るときでいえば，送信ボタンを押してから送信完了のメッセージが出るまでの部分です。インターネットで見かけるｈｔｔｐやｐｏｐなどが，このレイヤーのプロトコルです。ブラウザーやメールソフトなどはこのレイヤーまでの仕事を裏でしています。

「トランスポートレイヤー」は，情報の送り方を決めているレイヤーだと思ってかまいません。このレイヤーが，相手に確実に情報が届くよう注意を払ってくれます。「トランスミッションコントロールプロトコル（ｔｃｐ）」という名前のプロトコルが普通使われます。場合によっては，「時々なくしちゃってもいいから早く送って」という注文がつくこともあります。インターネットで電話をするときや映画を見るときなどが相当します。そういうときに使うプロトコルも別に用意されています。「ユーザーデータグラムプロトコル（ｕｄｐ）」という名前のプロトコルです。

「ネットワークレイヤー」は、インターネット上のパソコンの住所を決めるものと思ってかまいません。住所がわかっているからこそ、メールを送るときの配送ルートが決められ、相手にメールを届けることができるのです。「インターネットプロトコル（ｉｐ）」という名前のプロトコルが、このレイヤーのプロトコルです。

「データリンクレイヤー」は、パソコンをインターネットにつなぐときに使うケーブルに流れている電気信号や無線の信号と思ってかまいません。このレイヤーから上が、デジタルの世界になります。

「物理レイヤー」は、これまで出てきた「空気」や「紙」などと同じです。パソコンをインターネットにつなぐときに使うケーブルそのものと思ってかまいません。このレイヤーはアナログの世界です。インターネットの世界も、一番下のレイヤーはアナログで動いています。

さて、ＯＳＩのレイヤー構造とインターネットで使われているプロトコルとの対応関係を図にすると図6のようになります。空白になっているレイヤーがいくつかありますが、それらについては、特にプロトコルの決まりはありません。例えばレイヤー2は空白になっていますが、そこはレイヤー3とのインタフェースだけが決まっています。このインタフェースさえ満たせば、何を使ってもいいのです。

インターネットの技術そのものは、一九八〇年代に作られていて、いまでも当時のままの形で使われています。とても古い技術なのに最新技術のように見えるのは、レイヤー3とレイヤー4のプロトコルと、その上下のインタフェースだけを決めて、あとは人まかせにしているからです。こうすることによって、レイヤー5以上を使う新しいサービスをどんどん開発してインターネット上で使うことができ、レイヤー2以下に、最新の超高速通信技術をどんどん採用していくことができるようになっているのです。レイヤー3とレイヤー4とを目的レイヤーとして、レイヤー構造の中盤を支えているのが、インターネットの技術なのです。

L7	
L6	
L5	http, pop, smtp
L4	tcp, udp
L3	ip
L2	
L1	

図 6　各プロトコルの対応レイヤー

2　リテラル理解とリテラシー

具象と抽象

ここからは、レイヤー構造の考え方を使って、「リテラシー」について考えていくことにしましょう。その準備として、思考レイヤーを二つに分けて詳しくみていきます。その二つのレイヤーには、「抽象レイヤー」、「具象レイヤー」と名前をつけることにします。それから、入出力レイヤーは言語レイヤーに含めて考えることにします。これで、レイヤーの数は四つになります。まとめると、表2のようになります。

思考レイヤーを、「相手に伝えたいイメージ」に対応する抽象レイヤーと、「イメージを理解してもらうための手段としての表現」に対応する具象レイヤーとに分けるのですが、これには理由があります。普段，話をするときには，「これをわかって欲しい！」というイメージがまずあって，それをわかってもらうために言葉の表現を考えていると思います。言葉の選び方がうまくいかないとなかなかわかってもらえず，「なぜわかってもらえないの？」と悩むことになってしまいます。

つまり，これまで思考レイヤーとして取り扱っていた部分には，「イメージを伝えたい」という目的部分と，「イメージを伝えるために表現する」という手段部分との二つがあったということになります。そこで，それぞれを抽象レイヤーと具象レイヤーとに分けたわけです。

表2　本章でのレイヤー分け

前　章	本　章
思考レイヤー	抽象レイヤー
	具象レイヤー
言語レイヤー	言語レイヤー
入出力レイヤー	
物理レイヤー	物理レイヤー

このレイヤー分けを使って本の読み書きの場面を考えてみましょう。図7のようになります。

著者が読者に伝えたいのは，頭のなかにある「イメージ」の世界です。つまり，抽象レイヤーの情報です。しかしイメージそのものは抽象的で，読者に直接伝えることはできません。そこで，いろいろな「具体例」を挙げ，「言葉」にすることで，イメージを汲み取ってもらえるよう工夫することになります。そうして文章をつづることにより，一冊の「本」ができあがります。つまり，抽象レイヤーの情報であるイメージの世界を，具象レイヤーの情報である具体例に変換して表現し，それを言語レイヤーの情報である言葉に変換して書き下すことによって，最終的に本という形に変換していくわけです。

これまで、それぞれの人にとっての最上位レイヤーが目的レイヤーで、その下にあるすべてのレイヤーは手段レイヤーであるという話をしてきました。目的と手段という分け方をすると、目的は重要だが手段は重要ではないと思われてしまいがちですが、そうはいきません。どんなにすばらしい考えをイメージとして持っていても、それを読者に理解してもらえる形に表現することができなければ、誰にも何も伝わらないのです。ですから、手段レイヤーの最上位にある具象レイヤーも、とても重要なものだということができます。具象レイヤーでの表現がどれだけうまくできたかで、どれだけ読者にイメージを伝えることができるかが決まってくるのです。

これはレポートなどを書く場合でも同じです。

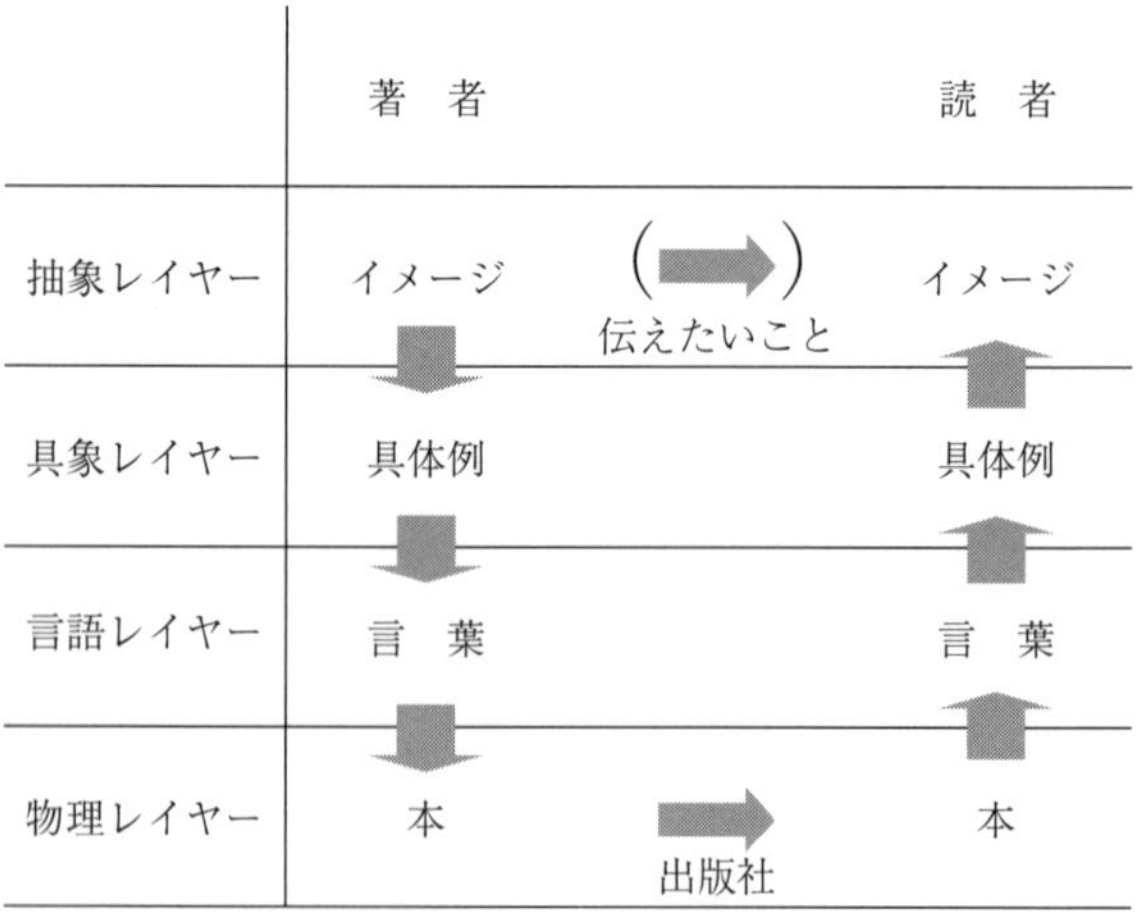

図 7　本の読み書きのレイヤー構造

イメージの世界をどうやって具体例に変換していくかが重要になります。この変換のセンス、つまりインタフェースの仕事がどれだけできるかで、どれだけ内容を理解してもらえるかが決まるのです。

ここまでは本の書き手の立場からみてきました。ここからは本の読み手の側からみていくことにしましょう。

本そのものは、インクのしみがついた紙が束になっただけのものにすぎません。これが物理レイヤーからみた本の実体です。読者の仕事は、そのしみつきの紙の束から意味を汲み取っていくことにあります。もしそのインクのしみが知っている言語の文字であれば、そのインクのしみを言葉に、つまり言語レイヤーに変換することができます。そしてその言葉を追うことにより、そこにいろいろな事例が書いてあることに気づくことができます。つまり具象レイヤーに変換することができます。最後に、それら具体例の共通項を推測することにより、著者がそれら具体例を通して読者に何を伝えようとしたのかを汲み取り、著者のイメージの世界を手に入れます。ここまでできれば、著者にとっての目的レイヤーである、抽象レイヤーの情報を読者が手に入れることができたことになります。

しかし、実際には読者が抽象レイヤーにまでたどり着くのは難しいのです。読者の側に読解力が要求されるからです。読解力とは、文章から著者のイメージの世界を汲み取る能力であるということができます。イメージをうまく汲み取ることができなければ、読者の理解は具象レイヤーで止まってしまいます。著者の努力だけではどうにもならない部分があるのです。この場合を図にすると、図8のようになります。

基本的には図7と同じです。違いは、読者側の最上位レイヤーが具象レイヤーとなっていて、矢印が抽象レイヤーまで届いていないという点です。

これでも読者の満足感が高いというのが最大の問題です。著者の目的はイメージの世界を読者に理解してもらうことなのですが、その目的が達成されていないのです。イメージを伝えるための手段である具体例をたくさん覚えて「たくさん勉強してためになった」と満足してしまうのです。しかも、著者の目的が達成されていないということ

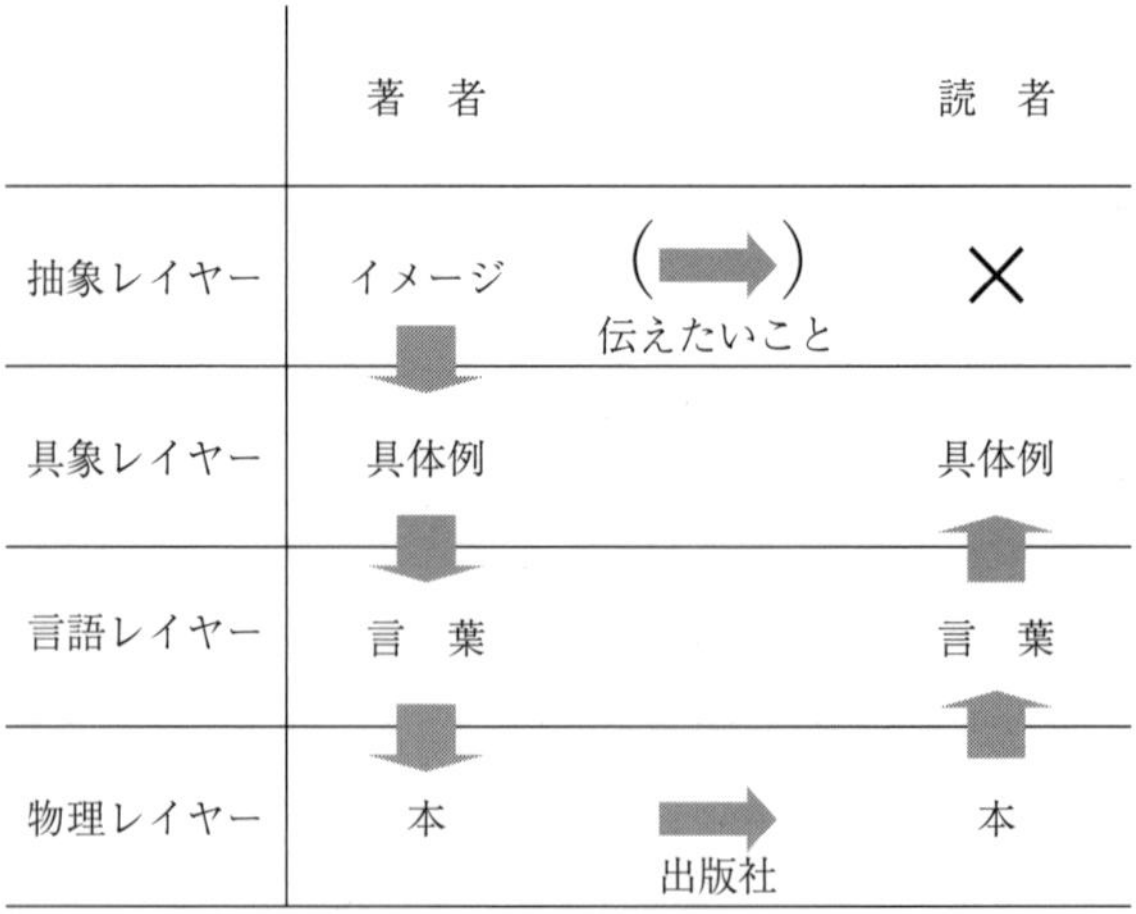

図 8　読解不足のレイヤー構造

に、気づくことができないのです。

わかりやすい例は、「本の読み書きは、抽象、具象、言語、物理の四つのレイヤーでできているということがよくわかりました」という理解で満足してしまう場合です。ここで四つのレイヤーに分けたのは、読者に伝わっている部分と伝わっていない部分とを区別できるようになってもらうためなのですが、そこには目がいかず、具体的な表現がどうなっているかに目がいってしまっているのです。

例えば、入出力レイヤーを省略せずに図にすればレイヤーの数は五つになります。この時点で、読者が理解したと感じたものは破綻してしまいます。また、抽象レイヤーを「主題レイヤー」や「イメージレイヤー」と書き直したり、具象レイヤーを「表現レイヤー」や「実例レイヤー」と書き直したりしたとしても著者が伝えようとしている内容は変わりません。ですから、レイヤーの数や名前を覚えて「よくわかりました」と感じられることは、著者にとってはとてもショックなことなのです。これは結構深刻な問題なのですが、これがリテラシーの問題とかかわってくるのです。

授業場面の構造化

つぎに、授業場面を例としてみていきましょう。講師が黒板に文字を書きながら説明をしていくことで、授業は進んでいきます。学生は黒板に書かれた内容をノートに写していくわけですが、その黒板写しの場面を図にすると図9のようになります。

講師が学生に伝えたいのは、抽象レイヤーの情報である、イメージの世界です。そのイメージを理解してもらうための手段として、いろいろな例を挙げ、文字や図表などを黒板に書き込みながら説明をしていきます。学生は、黒板を見て、見たとおりのものを自分のノートに写していきます。それでノートができあがっていくわけです。

きれいに黒板を写してノートがとれると達成感が得られますから、とても勉強をした気になれるのですが、ここに大きな問題があります。それは、学生のところでの矢印の流れです。黒板に引かれたチョークの跡、つまり物理レイヤーの情報

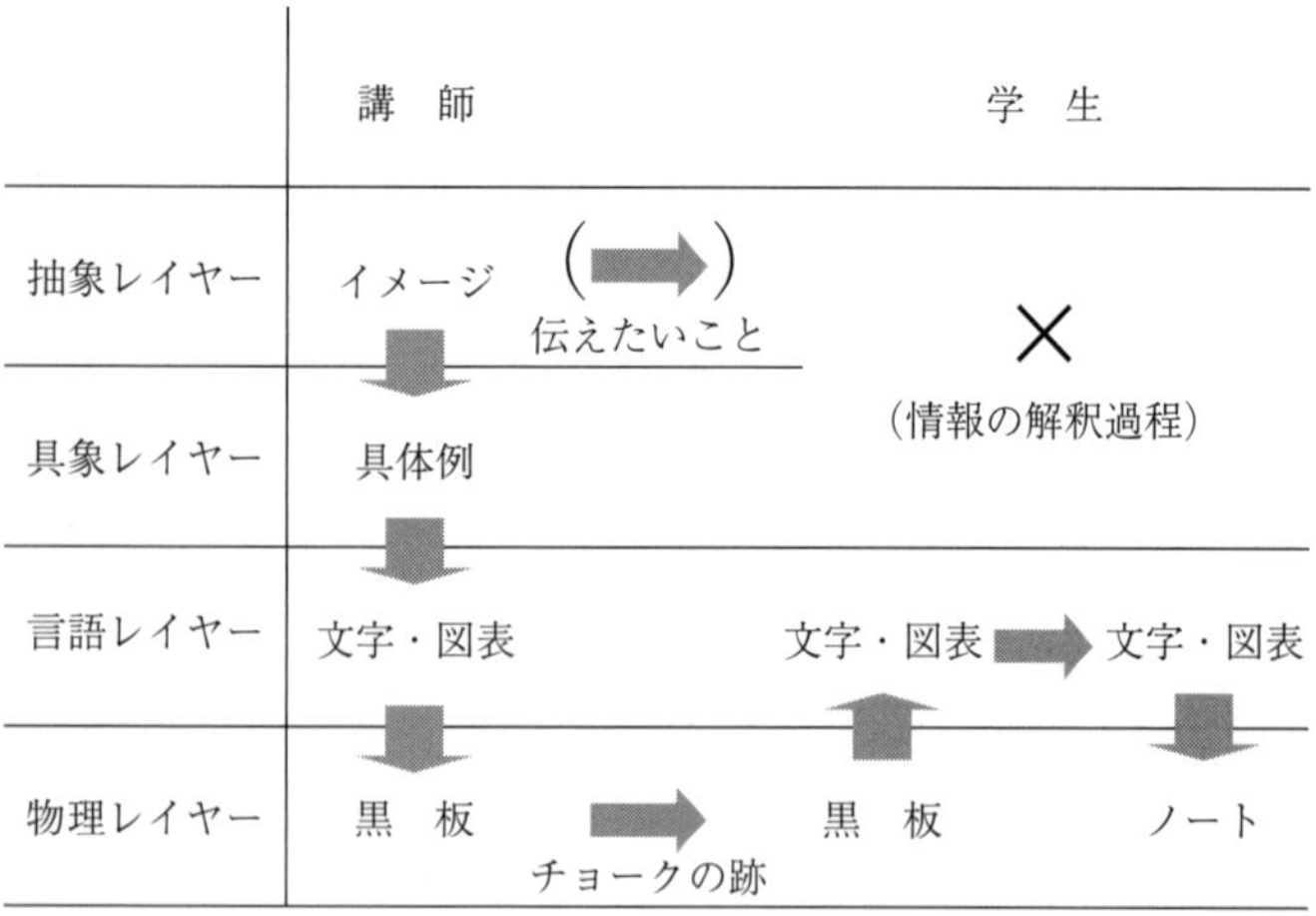

図9 黒板写しのレイヤー構造

を、目で見て文字や図表と認識して言語レイヤーの情報に変換するのですが、そこで矢印が右向きになってしまっています。言語レイヤーの情報として得たものを、そのままノートへの書込みという形で、物理レイヤーの情報に変換してしまっています。場合によっては、講師の誤字・脱字（これは本当はあってはいけません）も、誤字・脱字のままノートしてしまいます。黒板に書かれた字を読み誤れば、読み誤った形でノートしてしまいます。

こうなってしまうのは、抽象レイヤーと具象レイヤーの部分が空白になっているからです。空白になっている部分は、情報の解釈過程に対応します。単純な黒板写しでは、黒板に書かれた情報の解釈がなされていないということになります。

例えば具象レイヤーまで情報の解釈が行われているとすれば、そこで紹介されている事例の文脈から判断して誤字・脱字や文字の読み誤りに気づき、修正をすることができます。つまり、誤字・脱字がそのままノートされるということは、具象レイヤーでの情報の解釈がなされていない証拠といえるのです。事例の文脈が読み取れていないのです。

それでは、抽象レイヤーまでの情報の解釈をするためには、どうすればよいのでしょうか？　その場面を図にすると図10のようになります。

図9では学生のところでの矢印が言語レイヤーで止まっていましたが、図10では抽象レイヤーまで届いています。つまり、言語レイヤーから具象レイヤーへのインタフェースと、具象レイヤーか

ら抽象レイヤーへのインタフェースとが備わっているということです。同時に、それぞれのレイヤーのプロトコルを持ち合わせているということでもあります。ここで、それぞれのインタフェースの中身をみていきましょう。

言語レイヤーでの理解は、文字を読み取ることができるという理解です。普通に日本語で授業がなされていれば、黒板に書かれている文字をちゃんと読み取ることができるはずです。黒板に書かれている文章が理解できていなくても、言語レイヤー上ではまったくかまいません。文字が読めさえすればよいのです。そこに書かれている文章の理解が、具象レイヤーでの理解となります。つまり、文字理解から文章理解への変換が、言語レイヤーから具象レイヤーへのインタフェースであるといえます。文章が理解できていれば、すぐに誤

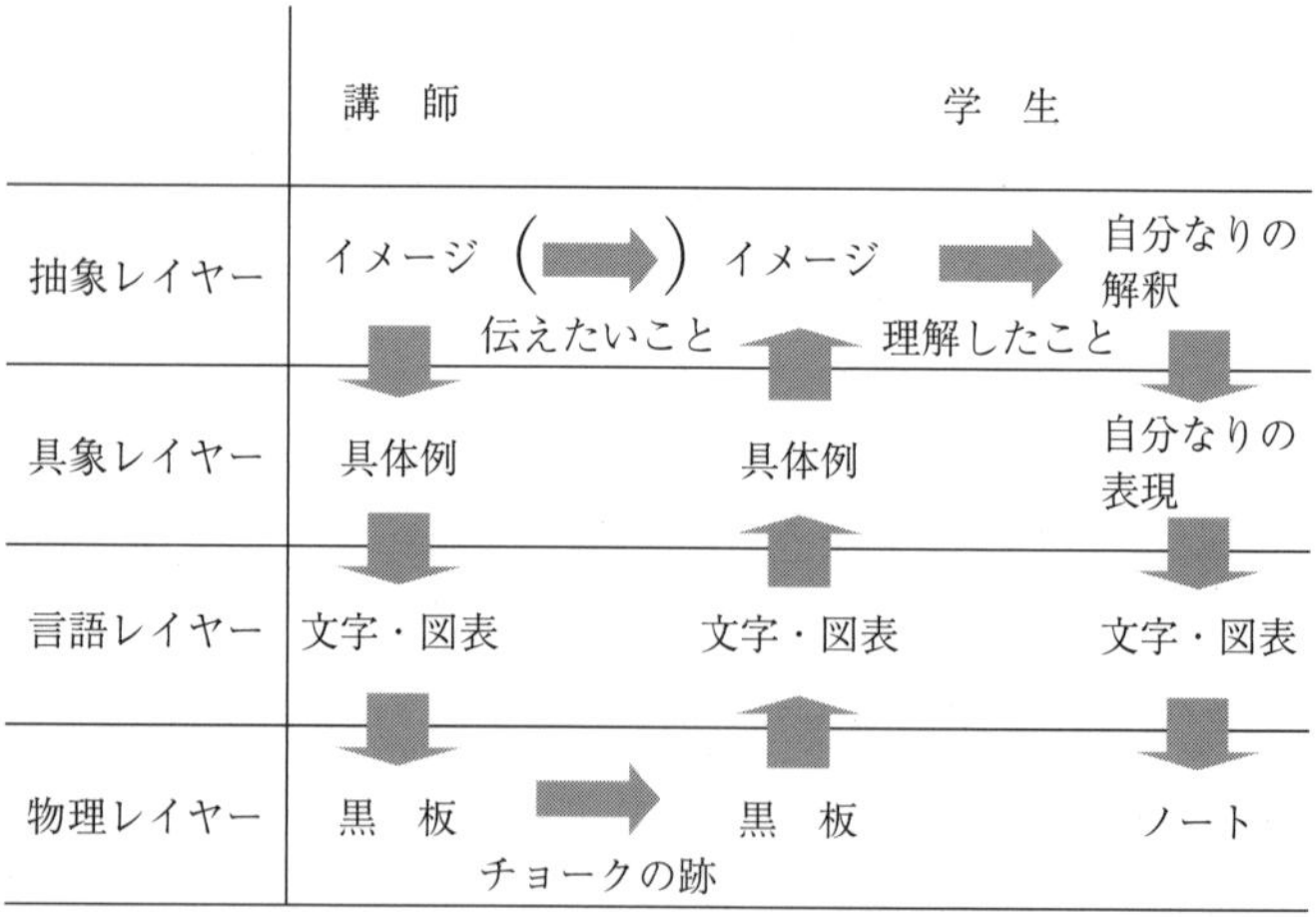

図 10　授業理解のレイヤー構造

字・脱字にも気づくことができ、ノートするときに正しい字に修正することもできるのです。

つぎに具象レイヤーから抽象レイヤーへのインタフェースですが、これには抽象化能力が必要になります。授業で紹介される、いろいろな事例の共通点を見つけ出す能力です。この能力に欠けていると、紹介された事例の一つひとつを、それぞれ別々な関連性のない話として、それぞれに丸暗記しなければならなくなります。こうなると覚えなければならないことが多すぎて勉強が追いつかなくなってしまいます。苦労の割にはなかなか報われません。それで、「こんなに努力しているのになんで評価してくれないの？」と不機嫌になってしまうこともあるでしょう。

じつは、抽象化能力を持ち合わせていれば、紹介される事例をいちいち覚える必要はないのです。つまり、がんばって時間をかけて一つずつ暗記する努力をしなくてすむのです。というのは、授業で紹介されるいろいろな事例は、その共通点に気づいてもらうための補助的な情報なのだからです。

授業で学ぶ物事には、必ず抽象的な論理の枠組みがあります。その枠組みのなかで、論理の部品をいろいろに入れ替えることによって、いろいろな事例が生み出されてくるのです。授業で紹介されるのは、そうして生み出された事例なのです。ですから、そのいろいろな事例を生み出すもとになっている論理の枠組みにさえ気づくことができれば、究極的には事例は一つも覚える必要がないのです。

この、抽象的な論理の枠組みに気づく能力が、抽象化能力だということができます。そして、この枠組みの理解が、抽象レイヤーでの理解ということになります。

抽象レイヤーで理解されるものは、抽象的なイメージになります。ですから、理解した本人も、理解したことを直接言葉にすることはできません。そこで、理解したことをノートにするときには、何らかの自分なりの解釈をもって表現する必要があります。授業で紹介された事例を自分なりの解釈で表現し直すのもよいでしょうし、図11のように自分なりの事例を考えて表現するのもよいでしょう。

授業で学んだ論理の枠組みは、よく考えてみたら昔からよく知っているものだったということもよくあることです。これまで、ちゃんと意識したり論理的に考えたりしたことがなかったために、気づいていなかっただけという場合です。そういうときには、意識し直すだけでしっかりと理解することができます。そして、それまで持っていた漠然としたイメージを明確化し、定着させることができます。

授業で学んだ論理の枠組みと、それまで持っていた漠然としたイメージとの間で、何らかのイメージのずれを感じる場合もあることでしょう。そういう場合には、そのずれの感覚を大切にするのがよいと思います。ずれの感覚を持つことによって、一つの物事を複数の視点からとらえて見ることができるようになるからです。

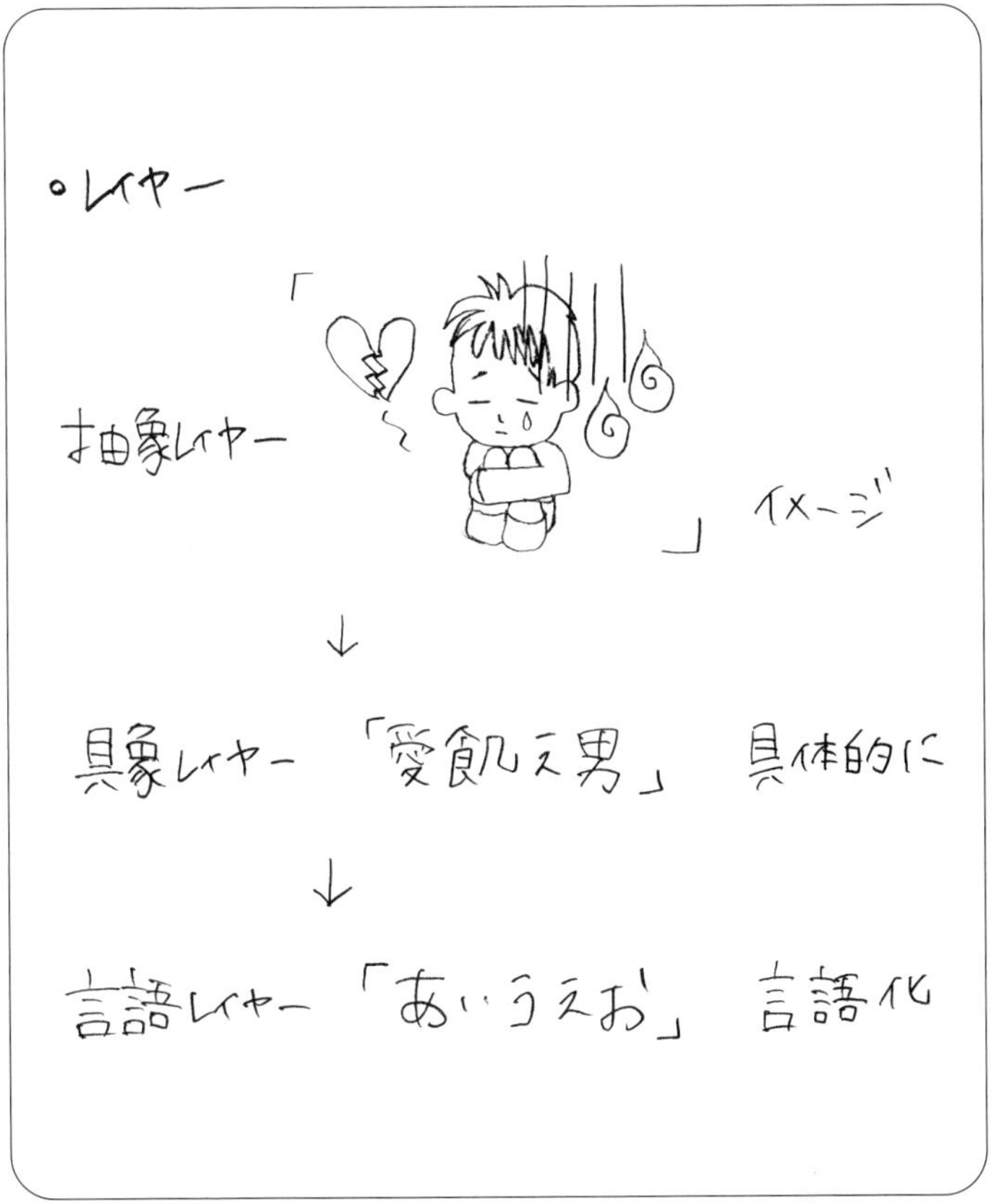

・レイヤー
抽象レイヤー 「 」 イメージ
↓
具象レイヤー 「愛飢え男」 具体的に
↓
言語レイヤー 「あいうえお」 言語化

図 11　あいうえお

ちなみに、抽象レイヤーの情報は、黒板に文字や図表を書いていくプロセスにもあるのです。それらが書かれていく順序が、抽象的な論理の枠組みに沿っているのです。逆に、書きあがった黒板を見ても、そこから文字や図表が書かれていった順序、つまり論理の流れを読み取ることは、なかなかできません。つまり、授業中に黒板にそれらが書かれていったプロセスを見ていなければ、授業中に配られたプリントや、友達や先輩から借りたノートを見ても、論理の流れを読み取ることができないのです。そのため、内容の理解が具象レイヤーで止まってしまいます。

黒板に書かれていく順序に沿って写していくことによって、論理の枠組みに沿っての考えを体感することができ、それによって理解度が大きく変わってくるのです。ですから、できるだけ手を動かしながら考えることをおすすめします。

それから、図9と図10のなかで「学生」と書いていますが、これについて一言触れておきましょう。大学生を学生といいます。中学生や高校生は生徒といいます。同じように、小学生は児童といいます。生徒や児童とは違い、学生は大人とみなされます。学生には大人としての責任が求められているのです。

「リテラシー」の意味

ここまで、レイヤーごとにそれぞれの理解のあり方があるということをみてきました。それらを、言語レイヤーでの理解、具象レイヤーでの理解、抽象レイヤーでの理解と呼んできました。言語レイヤーでの理解は「文字を理解できること」、具象レイヤーでの理解は「文章を理解できること」、抽象レイヤーでの理解は「文章を生み出すもととなっている抽象的な論理の枠組みを理解できること」となります。ここでは、こういったレイヤー構造の考え方を応用して「リテラシー」についてみていきます。

めんどうなことに、リテラシーという言葉には、言語レイヤーから抽象レイヤーまでの意味が含まれています。人により、場合により、違うレイヤーでの意味で使われるために、話がわかりにくくなっています。そこで、ここではリテラシーの意味をレイヤーごとに分けていくことにします。

もともとのリテラシーの意味は、「文字の読み書きができる」というものでした。いわゆる「識字能力」がこれにあたります。レイヤーでいえば、言語レイヤーでの理解です。これは「鉛筆で紙に文字が書ける」とか「紙に書かれた文字が読める」とかいうものですので、パソコンを使う場面でいえば、「キーボードやマウスを使える」とか、「メールやブラウザーなどのパソコンソフトを使える」という場合に相当します。学校での、それらソフトの使い方の授業は、言語レイヤーのスキルを学んでいるということになります。つまり、識字教育の一種です。言語レイヤーでの理解は「文字の理解」ですから、これを英語にして「リテラル理解」とここでは呼ぶことにしましょう。

インターネットが普及して誰もが情報を発信できるようになったため、自分自身でインターネット上の情報の信憑性を見極める能力が必要になってきました。インターネット上の情報を鵜呑みにすると危険な時代になってきているのです。そこで、情報の信憑性を見極める能力に名前をつける必要がでてきたのですが、この能力もまたリテラシーと呼ばれるようになりました。つまり、「リテラシー」には、昔からの「識字能力」という意味と、新しく加わった「情報の信憑性を見極める能力」という意味との両方があるのです。そのため、相手がどちらの意味でリテラシーという言葉を使っているのか、気をつける必要があります。これが混乱のもとになっているのです。

人によっては、識字能力のほうをリテラシー、情報の信憑性を見極める能力のほうを「情報リテラシー」や「メディアリテラシー」などとしていることもあります。どちらの意味をどの用語に割り当てるかが、人によってばらばらなのです。なかには、ちゃんと意味の使い分けができず、両方の意味をごちゃまぜにして使っている人もいます。

リテラシーの新しいほうの意味である、情報の信憑性を見極める能力には、抽象レイヤーでの理解が必要になります。文章の理解が具象レイヤーでの理解に対応するのですが、これだけでは情報の鵜呑みになってしまうからです。文章を理解することができるというだけでは、「なぜそのような文章が書かれたのか？」の理解や、「その文章の内容は正しいのか？」の判断はできないからです。

文章が書かれた理由が理解できるためには、その文章を生み出すもととなった論理の枠組みがどうなっているのかを、その文章の流れから読み解く必要があります。また、文章の内容が正しいのかどうかの判断には、その文章に関する周辺知識をあらかじめ持ち合わせているか、自力で調べられる能力を持ち合わせている必要があります。その文章が書かれた理由、つまり「なぜ？」の部分の理解ができて初めて情報の意味が理解できたということになります。そこで、抽象レイヤーでの理解である意味理解をリテラシーとここでは呼ぶことにします。

抽象レイヤーでの理解をリテラシー、言語レイヤーでの理解をリテラル理解としたわけですが、まだ具象レイヤーでの理解には名前がありません。新たに名前をつけてもよいのですが、ここで重要なのは「なぜ？」の部分に対する理解があるかどうかですので、その有無でグループ分けすることにしましょう。つまり、言語レイヤーでの理解と同じグループにして、具象レイヤーでの理解もリテラル理解と呼ぶことにします。「リテラル」という用語には「物事を額面どおりに受け取る」とか「想像力に欠けた」とかいう意味が込められることがあります。ですから、この意味でも言語レイヤーでの理解と同じくリテラル理解と呼んで悪くないと考えられます。

簡単にまとめると、抽象レイヤーでの理解である意味理解をリテラシー、具象レイヤーでの理解である文章理解と言語レイヤーでの理解である文字理解とをリテラル理解と分類したことになります。レイヤーごとの理解のあり方をまとめると表3のようになります。

先に、読書での理解が具象レイヤーで止まっている事例（図8参照）や、黒板写しで言語レイヤーまでの理解でノートに書き込んでしまっている事例（図9参照）をみてきました。どちらの事例もリテラル理解で止まっていて、リテラシーに欠けていたということになります。

リテラシーという考え方がインターネットの普及とともに広がったことから、インターネット上の情報にしか使えない考え方だと思われがちですが、そうではありません。インターネット上の情報も、本や雑誌などの情報も、物理レイヤーが違っているだけで、言語レイヤーから上はどちらもまったく同じです。どちらも文字によって表現された情報ですから、同じように扱えるのです。そこからいかにして抽象レイヤーの情報を拾い出していけるか、つまり、「なぜ?」の部分の理解が重要なのです。

普段の生活を振り返ってみると、本や雑誌に書かれた情報はつねに正しいも

表3 リテラシーのレイヤー構造

抽象レイヤー	意味理解	リテラシー
具象レイヤー	文章理解	リテラル理解
言語レイヤー	文字理解	
物理レイヤー		

のという思い込みがあり、つい額面どおり受け取ってしまいがちです。つまり、具象レイヤーでの理解で満足してしまい、「なぜ?」の部分の吟味がおろそかになりがちなのです。じつはその分だけ、インターネット上の情報よりもかえって危ないのかもしれません。

情報の解釈能力

では、「なぜ?」の部分の理解とは具体的にどういうものなのでしょうか？ これを例を挙げてみていくことにしましょう。普段の生活で身近に見かけるもので、一番わかりやすいのは道路標識ではないかと思います。ですから、ここでは道路標識を例にとることにします。

道路を歩けば、必ず「止まれ」と書かれた道路標識に出くわします。細い道路から太い道路に出るときや、信号のない交差点では必ず見かけます。この標識のある場所では、必ず道路にも「止まれ」と書いてあり、その先に一本の線が引いてあります。さて、この標識は何のためにあるのでしょうか?

この標識には、「前を横切る車は止まらない」という意味があるのです。道路に引かれた線は、「止まるときにこの線を越えると危ない」という、自動車用の目印です。

「止まれ」とある以上、そこには何かしら止まるべき理由があるはずです。それが「なぜ?」なのかに気づくことが必要です。止まるべき理由をイメージできることが、抽象レイヤーでの理解になります。ですから抽象レイヤーで理解できる人であれば、「止まれ」の標識を見ればそこでいったん止まり、前を横切る道路に車などが来ていないか左右の確認をし、安全を確保してから前に進んでいきます。ここまで情報を解釈できて初めて、ちゃんと理解できたということになるのです。

では、「なぜ?」の部分に気づけない人、つまり、「前を横切る車は止まらない」ということに気づけない人であればどうでしょうか?「止まれ」と書いてある以上、止まらなければいけないということは理解できます。ですから、「止まれ」と書いてあるところでしっかりと止まることでしょう。しかし、理解しているのはそこで止まるということだけであって、なぜそこで止まらなければいけないのかの理解はありませんから、止まることだけで安心してしまい、図12のように、安全の確認をせずに前の道路に飛び出してしまいます。とても危険なのですが、それで前を横切る車とぶつかったとしても、「自分は止まれと書いてあるところで止まったので悪くない。前の道路を横切ってきた車が悪い」としか考えられません。自分に非があることに気づけないのです。これが具象レイヤーでの理解です。

文章としては、止まらなければいけないということが理解できていても、なぜ止まらなければいけないのかを理解できていないため、このようなことになるのです。これがリテラル理解ということなのです。

図 12 止　ま　れ

では、言語レイヤーでの理解ではどうなるでしょうか？　言語レイヤーでの理解は文字理解です。そこに「止まれ」と書いてあることは理解できますが、それが自分の命にかかわるかもしれないものとしてではなく、街角にある看板やポスターと同じようなものとして目に映ります。ですから「止まれ」と書いてあっても気にすることもなく、そのまま前の道路に飛び出してしまいます。車にひかれてしまうかどうかは時の運まかせで、何かあれば運が悪かったということになります。これもまたリテラル理解の別の形です。

さらに、言語レイヤーの情報ですら汲み取れない人たちもいます。「止まれ」という標識があるということ自体に気づけない人たちです。本人も危険ですし、まわりの人たちにも迷惑です。行動だけを見れば、言語レイヤーで理解している人たちと区別がつきません。情報の解釈能力ごとの行動をレイヤー分けすると表4のようになります。

試しに街角で観察をしてみるのはどうでしょうか？　とても簡単です。「止まれ」の標識が見える場所にしばらく立ち、そこを通り過ぎていく自動車や自転車などを見ているだけでよいのです。道路に引かれた線の位置で止まって左右確認をする人（抽象レイヤー）、ちょっと止まるだけで発進してしまう人

表4　情報の解釈能力ごとの行動と対応レイヤー

抽象レイヤー	止まって安全確認
具象レイヤー	止まって安心。そのまま飛び出し
言語レイヤー	読めるけれども気にせず飛び出し
レイヤーなし	標識に気づかずそのまま飛び出し

（具象レイヤー）、躊躇なく飛び出していく人（言語レイヤー以下）、いろいろいるはずです。そして、抽象レイヤーでの理解で行動している人のあまりの少なさにショックを受けるかもしれません。抽象レイヤーでの理解は、なかなか難しいのです。

パソコンをうまく使いこなせるようになれる人かどうかは、「止まれ」でちゃんと止まれる人かどうかさえチェックすれば、ある程度わかってしまいます。情報の解釈能力が高い人は、道路を歩くときでもパソコンを使うときでもいつでも高度な情報の解釈能力を伴った行動をとるからです。逆に、情報の解釈能力が低ければ低いほど、なかなかうまくパソコンを使いこなせるようになれません。何をどうすればパソコンが思いどおりに動いてくれるのかの、イメージの部分の理解に欠けているからです。

つい忘れがちなことではありますが、パソコンを作っているのは人間なのです。空から降ってきたものでも、神様が作ったものでもありません。パソコンを作っている人たちのイメージの世界を理解できるかどうかで、パソコンを使いこなせるようになれるかどうかが決まるのです。つまり、本の読み書きの場面（図7参照）と同じです。抽象レイヤーで理解できる人であれば、すぐに高度な使い方を自力で編み出せるようになるのに対し、具象レイヤーでの理解で止まっている人（図8参照）は、マニュアルとちょっとでも違う使い方をしようとするとすぐに途方に暮れてしまうのです。

話は戻りますが、止まらなければ危険な場所なのに、「止まれ」の標識も道路への「止まれ」の文字もない場合があります。例えば、一方通行の道路を逆方向に進んでいる場合です。一方通行の道路には、図13にあるような、進んでよい方向を示すための矢印マークの標識や、進入禁止の標識が必ず出ています。進んではいけない方向なわけですから、ルールが守られている限り必要ないのです。ルールを守れない人のために標識を示しても守ってもらえないというのもあるのかもしれません。

残念ながら、それらの道路標識は、自動車学校にでも行かない限りなかなか学ぶ機会がありません。学んでいれば少なくとも具象レイヤーで理解することができるのですが、そうでなければ標識そのものに気づけないのです。つまり、「言語レイヤー以下」の人たちと同じグループに入ってしまうのです。

標識などの記号に気づくことができるためには、少なくとも具象レイヤー以上で記号を理解できることが必要です。記号は、何かしらのイメージを表現するための手段としてあるものだからです。そんな例を簡単に紹介してみましょう。

京都を観光していると、あちこちに築地塀《ついじべい》を見かけます。そのなかに、写真1のように、五本線の模様が入ったものがときどきあります。これは江戸時代にできた天皇家の目印なのです。御所のほか、門跡寺院などの築地塀も五本線になっています。また、三十三間堂も五本線なのですが、三

止まれ　　　一方通行　　　進入禁止

図 13　標識：止まれ，一方通行，進入禁止

写真 1　御所の築地塀

十三間堂から妙法院門跡の辺りまでの一帯が後白河法皇の御所（法住寺殿）の跡地にあたるのです。地図を開いてみれば、その広大さがわかると思います。馬町の交差点に北門があったのですが、東大路拡張のために取り壊されてしまったのが残念です。

京都に長く住んでいる人でも、五本線の模様の築地塀《ついじべい》があることに気づいている人は少ないようです。つまり、毎日見ているはずのものであっても、それが何かしらの意味を表現したものであるということを理解できていなければ見過ごしてしまい、存在そのものに気づけないのです。

逆に、意味を理解できていれば、「なぜここが？」と不思議に感じることができ、ちょっと調べてみようと思えるのです。そして、それを最初の手がかりとして、いままで知らなかった情報を芋づる式に続々と手に入れていくことができるのです。

情報弱者問題

続いて、情報弱者についてみていくことにしましょう。いまではインターネットの整備やパソコンの低価格化が進んでいますから、「ネットにつなげない」とか「パソコンが買えない」とかいった問題は過去のものになりつつあります。情報弱者問題には、パソコンの操作面と、情報の解釈能力の面とがあります。

パソコンの操作面の問題は、高齢者や障碍《しょうがい》者があてはまります。小さな字が見えにくいとか、マウスが使いにくいとかいった問題です。これは、パソコン側のインタフェースの不備であって、人の側には責任はないのです。例えば、目が見えない人にとっては、マウスでしか操作できないソフトは使い物になりません。キーボードですべての操作ができるように工夫をする必要がありま す。その点、Windowsはよくできていて、マウスなしですべての操作ができるようになっています。このように、身体特性に合わせたインタフェースを用意してあげればよいのです。それで、パソコンの操作面での情報弱者問題は大幅に改善されます。

もう一つの問題である情報の解釈能力の面については、一般にいわれているような、高齢者の問題なのではありません。特殊な例ではありますが、物理学の名誉教授の人たちは、かなりの高齢であるにもかかわらず、現役学生の数倍のスピードで最新技術を吸収し、平然と使いこなしていきます。

名誉教授に限らず、学生とは親子以上に年の離れた「高齢者」であるはずの大学の先生たちが、自分の専門とは何の関係もない最新技術を当たり前のように授業で学生に教えているという事実を考えてみれば、年齢が情報弱者の決め手になるわけではないということがイメージできるのではないかと思います。できたての最新技術を、授業当日の朝に覚えて昼に教えるといった芸当のできる人が、大学には普通にいるのです。ただし、この場合は授業内容がかなり高度なものになってしまいます。わかりやすい授業にするためには、内容の噛み砕きが必要なのです。

情報の解釈能力の面での情報弱者とは、抽象レイヤーでの情報の解釈能力が低い人か、そもそももとから持ち合わせていない人かのどちらかである可能性が高いのです。暗記力は年齢とともに落ちていきますから、具象レイヤーでの情報の解釈、つまりリテラル理解でがんばってきた人は、年齢とともに暗記が追いつかなくなり、どんどん時代に取り残されていってしまいます。

それに対し、抽象レイヤーでの情報の解釈能力を持ち合わせている人は、技術の具体的な使い方ではなく、技術のもとになっている考え方の部分を覚えていきます。つまり、技術を作った人たちのイメージの世界の理解です。考え方さえ理解できれば、技術の使い方は自力で発見できるのです。ですから、マニュアルもほとんど必要ありません。暗記力が落ちても難なく時代についていけるのです。つまり、抽象レイヤーでの情報の解釈能力は、見知らぬ技術を理解し自分のものとし、使いこなせるようになれる能力であるともいえるのです。

経済格差の由来

パソコンやインターネットを使う能力の格差が経済格差を生むという話があります。確かに、パソコンを使う能力が高い人ほど所得が高いという統計上の相関があるようなのですが、相関があるというのと、因果関係があるというのとは別の話です。因果関係とは、あるものが原因となって、ある結果が出るという関係です。つまり、パソコンやインターネットの勉強をすれば所得が上がるという関係を意味するわけではないということです。

いまどき、ワープロソフトを使えるという程度の能力で得られる時給は、コンビニでのアルバイトで得られる時給と大差ありません。また、土地を売ったり、一億円の宝くじに当たったりすればパソコンやインターネットを使う能力が上がるのかというと、それもなさそうです。パソコンやインターネットを使う能力と経済力とは、どちらかを上げればもう一方も上がっていくという単純な関係にはなっていないのです。

この統計上の相関関係は、情報の解釈能力が原因で、その結果がパソコンやインターネットを使う能力や経済力となって表れてくるのだと考えると、しっくりくるのではないでしょうか。抽象レイヤーでの情報の解釈能力を持ち合わせていればすぐにパソコンやインターネットを使いこなせるようになるのですが、これは道路標識や築地塀《ついじべい》の読解についても同じことがいえたわけです。

道路標識でいえば、具象レイヤー以下の理解で行動している人は日常的に命にかかわる危険にさらされるのに対し、抽象レイヤーでの理解で行動している人は、それらの危険を回避することができます。経済どころか、命にかかわる格差が、情報の解釈能力の格差から生まれてくるわけです。

また、記号の意味理解ができていれば情報の存在に気づくことができ、そこからつぎつぎに新しい情報を獲得していけるのに対し、意味理解ができていなければ、そもそもそこに情報があるということにすら気づきません。

経済的な利益を得られる情報は、インターネット上に限らず、身の回りにごろごろしています。それに気づくことができればつぎつぎに経済的な利益を手に入れられるのに対し、気づかなければ何の利益も手に入れられません。これは経済的な落とし穴についても同じです。身の回りにごろごろしている落とし穴に気づくことができれば、問題なくそれらを回避することができますが、気がつかなければそのまま何度でも落とし穴に落ちてしまいます。日常生活でのこれらの積み重ねの結果が、経済格差として見えてくるという考え方です。

例えば、いろいろな悪徳商法に引っかかるかどうかは、宣伝文句を具象レイヤーで理解して鵜呑みにしてしまうかどうかで決まります。具象レイヤーでの理解で日常生活をこなしている人たちは、それら悪徳商法で生活をしている人たちにとって、とてもおいしいお客様なのです。

では、どうすれば抽象レイヤーでの情報の解釈能力を身につけることができるのでしょうか？「汎化能力」がキーワードとなります。通信工学の言葉でいう「プロトコルシーケンス」を組み立てる能力に対応します。これまで、プロトコルについては横向きの矢印としか説明してきませんでした。次章で、その矢印の中身やプロトコルシーケンスについてみていきます。

3　語彙・文法・受け答え

プロトコルの中身

プロトコルは、「語彙」と「文法」と「受け答え」とでできています。ただし、「受け答え」の部分は、プロトコルシーケンスというものとして、語彙や文法とは別に扱われるのが普通です。

パソコンやインターネットの世界では、それぞれのレイヤーのそれぞれのプロトコルごとに語彙や文法があります。しかし、会話や読書などの場面でのそれぞれのレイヤーで語彙や文法を考えようとすると、日常的な意味とここでの意味とが混乱してしまい、話がわかりにくくなってしまいます。また、話の内容も抽象的で高度なものになってしまいます。そこで、ここでは言語レイヤーに限って話を進めていくことにします。言語レイヤーであれば、日常的な意味とここでの意味とがちょうどうまく重なり、便利なのです。

言語レイヤーでいえば、つぎのようになります。語彙とは、いわゆる単語のことで、名詞や動詞や形容詞などがあたります。文法は、主語や述語などの並べ方の規則です。そして、受け答えは、語彙を文法に従って並べたもののやりとりです。半分は、国語や英語などの授業で学ぶような内容になりますが、ここから、語彙と文法、受け答えの順でプロトコルの中身を紹介していくことにします。

語　彙

まずは語彙ですが、これは単語の集まりと思ってもらってかまいません。日常生活でいえば、辞書のようなものです。国語辞典、漢和辞典、英和辞典など、世の中にはいろいろな辞書がありますが、そういう形で単語を集めてひとかたまりにしたものというイメージです。辞書はどんな小さなものでもかまいません。例えば「小学一年で学ぶ漢字」でもかまいませんし、「中学一年で学ぶ英単語」でもかまいません。

会話が成り立つためには、おたがいが知っている語彙を使う必要があります（図14）。例えば普通の小学一年生に、六年生の国語の教科書を渡してもそう簡単には読めません。同じように、普通の中学一年生に、英語の小説を渡しても読むのは難しいでしょう。どちらも、学んでいない語彙がありすぎるからです。相手に話を理解してもらうためには、相手が知っている語彙だけを使って表現する必要があるのです。もちろん、相手にも、自分が知らない語彙を使わないようにお願いするか、そういう語彙の意味を教えてもらうかする必要もあります。

同じことは生活のあらゆる場面においていえます。例えば、ファッションには興味があるけど料理には興味がないという人に料理の話をしても会話はなかなか成り立ちません。ファッション関係の語彙は豊富でも、料理関係の語彙が貧弱だからです。語彙を持ち合わせていなければ、あるものと、それに似た別のものとを区別することが難しくなります。料理でいえば、例えばピラフとチャーハンとの区別が難しくなり、一緒くたになってしまうのです。料理に興味があるという人どうしでも油断は

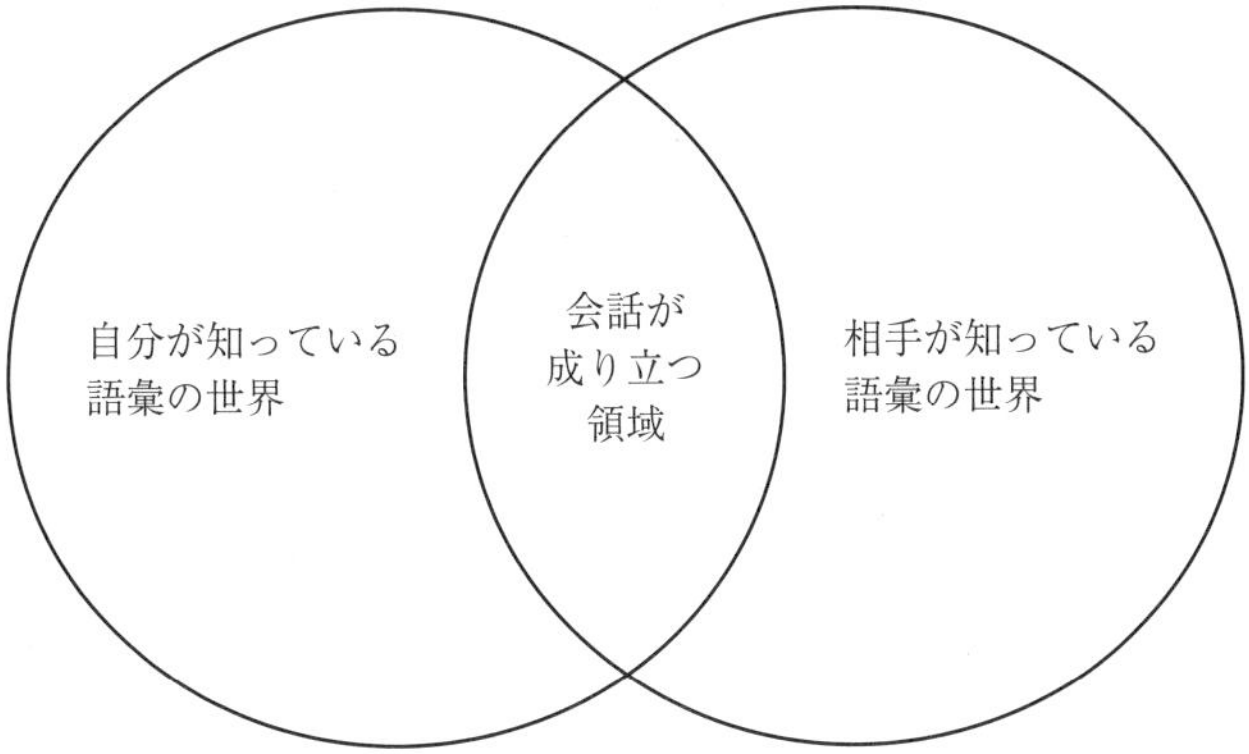

図 14　会話が成り立つ領域

禁物です。片方の人が和食専門、もう一方の人がエスニック専門となると、やはり共通の語彙を見つけ出すのが難しいからです。どんな場合でも、会話が成り立つためには共通の語彙が必要なのです。

誰にでもそれぞれ得意分野があり、得意分野については豊富な語彙を持っています。得意分野がたくさんある人ほど、初めて会った人と共通の話題を見つけて話ができる可能性が高くなっていきます。つまり、語彙が豊富な人ほど、多様な人たちとのコミュニケーションをとりやすいのです。

語彙の世界を木の形で表現すると図15のようになります。

語彙の世界には、いろいろな国の言葉があります。日本語、英語、フランス語、中国語、そのほか数え切れないほどの言語があります。ここでは代表として日本語を取り上げて細かくみていきます。もちろん、どの言語も日本語と同じように細かくみていくことができます。日本語の世界にも、いろいろな分野の語彙があります。ここでは例として、料理、ファッション、文学、芸能を

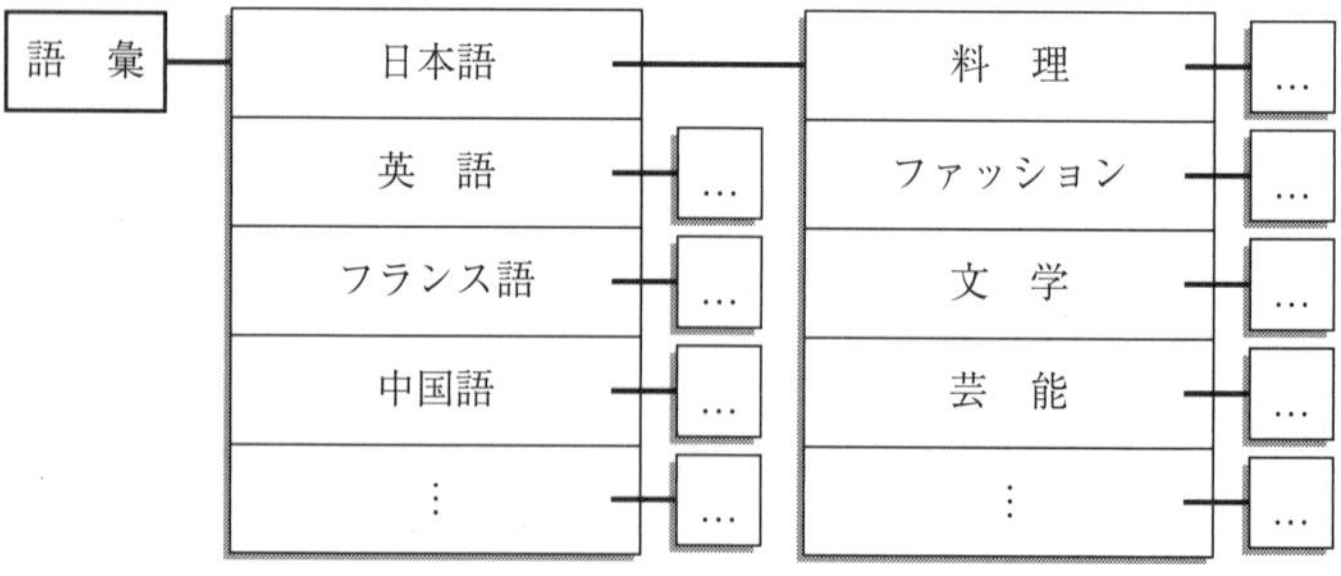

図 15　語 彙 の 木

挙げてみました。分野はこれらに限らず何でもよいのです。どの分野についてもどこまでも細かくみていくことができ、細かくみていった一つひとつに、それぞれ広大な語彙世界が存在しています。

すべての語彙世界を網羅できるような人は、世の中に存在しないと思ってよいと思います。語彙世界の広さは人によっていろいろで、豊富な人もいれば貧弱な人もいます。同じ「豊富」でも、特定分野に深い人もいれば、広く浅い人もいます。

このような木の形での表現方法を、「ディレクトリ構造」といいます。現実には、日常生活で使われる語彙は、どれも複数の分野にまたがった意味があるために、このようなきれいな形では分類できず、かなり複雑なものになってしまいます。ですから、これは見通しをよくするための便宜的なものと思っておくのがよいと思います。

会話に共通の語彙が必要というのは、パソコンやインターネットの世界でも同じです。会話に使う語彙を決めて辞書を作り、辞書にある語彙のみを使って会話をしましょうという約束をするのです。そうすることによって、初めてパソコンがインターネットにつながることができるのです。これが、プロトコルの語彙の部分です。

例えば、ブラウザーであれば、「こんにちは」、「ください」、「さようなら」に相当する語彙があれば基本的なことはだいたいできてしまいます。ちょっと複雑なことをしようとすると、「あげます」や「あいことば」などの語彙を追加して使う必要がでてきますが、それらの語彙もあらかじめ辞書に載せて用意してあるのです。逆にいうと、辞書にない言葉が使われてしまうと、パソコンはどうしたらよいかわからなくなって途方に暮れてしまいます。パソコンを使っていて突然表示されるエラーは、こういうところに原因があったりもするのです。

また、パソコンの「プログラム言語」でいえば、「予約語」というのが、ここでいう語彙にあたります。「読む」、「表示する」、「繰り返す」など、いろいろな予約語が用意されており、それらの組合せでプログラムは書かれていきます。そして、予約されていない語彙があると、「意味がわかりません！」と主張するためにエラーが出るのです。

日常会話で「意味わかんない」と連発している人は、予約語がとても少ない人なのかもしれません。そういう人と会話をするときには、その人が持っている予約語のリストをできるだけ早く見つけて、それら予約語の組合せで話しかけるようにするのがよいでしょう。これはパソコンのソフトを使う場合でも同じです。パソコンのソフトが理解することのできる語彙を見つけてあげることができれば、素直に思いどおりに動いてくれるのです。

文　法

語彙だけでは，「一語文」という赤ちゃん言葉にしかなりません。「わんわん」とか「まんま」とかいうたぐいのものです。これをちゃんとした文章にするためには，文法が必要です。文法とは，主語や目的語や述語などの並べ方の約束です。日本語であれば，「私はリンゴを食べる」というように，主語，目的語，述語の順に並べますが，英語であれば，「私は食べるリンゴを」というように，主語，述語，目的語の順に並べます。なかには，述語が最初にくる言語もあります。

文法があるのは言語だけではありません。例えば，住所の書き方にも文法があります。日本語であれば，「京都市東山区馬町百丁目1－1」のように，大きなくくりから小さなくくりの順に書きますが，英語はこれとは逆で，「1－1馬町百丁目東山区京都市」のように書きます。インターネットの世界での住所表記も英語式です。ドットで区切り，「1－1・馬町百丁目・東山区・京都市・京都府・日本」といった順に並べていきます。しかし，同じインターネットの世界でも，「IPアドレス」という番号形式での住所表記は日本語式になっています。IPアドレスというのは，「1・2・3・4」というように，四つの数字をドットで区切って並べたものです。どういう文法をとるかは習慣的なものであって，どれが良くてどれが悪いとかいうことはありません。並べ方のルールさえはっきりしていれば、混乱なく意思の疎通ができるからです。

盲点かもれませんが、計算式にも文法はあります。例えば「1＋1」と書くのも一つの文法です。パソコンのなかでは、これを「＋、1、1」とか、「1、1、＋」とかいうように書きます。それぞれ、「ポーランド記法」、「逆ポーランド記法」という名前がついています。「＋」というのは「足し合わせる」という意味の述語ですから、ポーランド記法は述語が最初にくる書き方、逆ポーランド記法は日本語と同じように述語が最後にくる書き方だといえます。

逆ポーランド記法の考え方は、お店のレジなどで使われることがあります。「千円のお酒を2本と百円のリンゴを3個」であれば、「千円、2本、×、百円、3個、×、＋」といった具合です。

ポーランド記法は、数学の世界やプログラミングの世界などでよく使われます。いわゆる、「関数」がこれにあたります。数学の世界では、これを「函数」と書く人が多いようです。ハコ（函）に何かしらのものを入れると、入れたものに応じて何かしらのものが出てくるというイメージです。具体的には、「ハコの名前（ハコに入れるもの）」というように表現します。以下では、函数の形での表現を使っていきます。

よく考えてみれば、「ハコの名前」は述語ではなく目的語です。このように、述語の役割を目的語に持たせる表現方法もあるのです。これは「オブジェクト指向」といい、プログラミングの世界で普通に使われている考え方です。

ブラックボックスとインタフェース

語彙と文法がそろうと「受け答え」の話ができるようになるのですが、その前に少し準備が必要です。「ブラックボックス」という考え方が必要になってくるのです。ブラックボックスとは、そのまま日本語に訳してしまえば「黒い箱」となります。「黒い」というのは、「なかに何が入っているのか外からは見えない」という意味合いです。

ブラックボックスには穴があいており、手品で使う箱と同じように、そこに何かを入れると、入れたものに応じて別のものが出てくるようになっています。なかに入れるものは必ずしもボールやトランプといったような形のあるものである必要はありません。言葉でもよいのです。ブラックボックスにあいた穴に向かって何か言葉をかければ、かけた言葉に応じて何かしらの言葉が返ってくるようになっているというイメージです。

つまり、ブラックボックスに向かって何かを働きかければ、その働きかけの内容に応じて何かしらの反応が返ってくるという構造になっています。ブラックボックスの穴の数は必ずしも一つである必要はありません。いくつ穴があってもよいのです。この場合、どの穴に何を入れるか、入れるものの種類や、ものを出し入れする順序によって、出てくるものも変わってきます。

穴がたくさんある場合は難しくなってしまいますので、ここでは穴が一つの場合を考えることにしましょう。ブラックボックスをレイヤー構造の図にすると図16のようになります。

レイヤーの名前はここでは特には決めず、「上位レイヤー」、「下位レイヤー」としています。「ブラックボックス」は下位レイヤーにあり、それに対して上位レイヤーから何かしらの「働きかけ」をすれば、その働きかけの内容に応じて上位レイヤーに「反応」を返してきます。

この働きかけと反応とが縦向きの矢印で表現されていることから想像がつくかもしれませんが、この「ブラックボックスにあいた穴」が、インタフェースなのです。上位レイヤーから見た下位レイヤーはつねにブラックボックスで、その中身がどうなっているのかは上位レイヤーからは何も見えません。上位レイヤーか

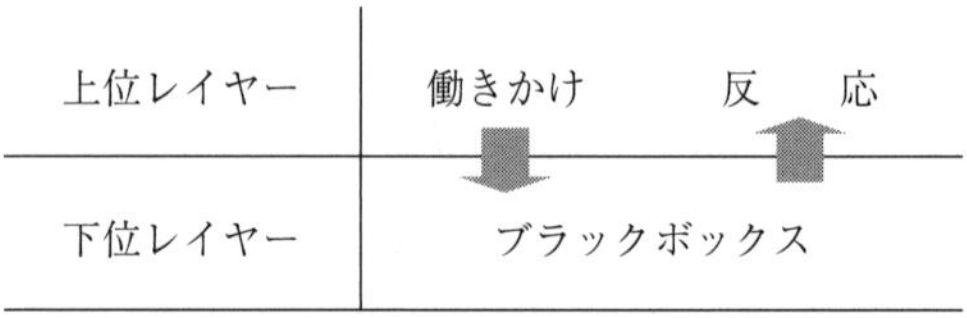

図16　ブラックボックスのレイヤー構造

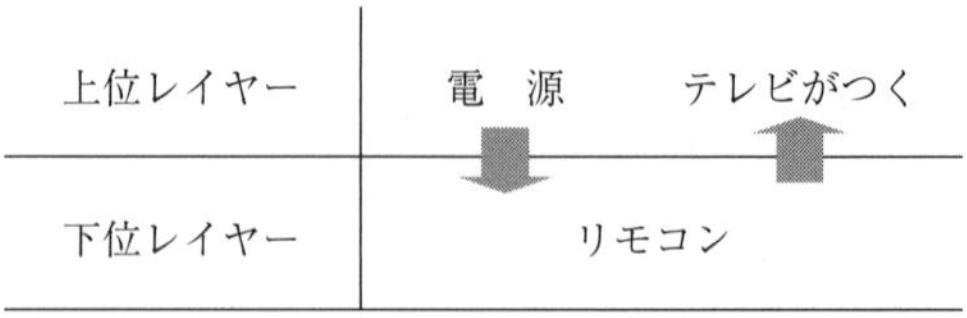

図17　リモコンのレイヤー構造

ら見てわかるのは、そこに何かしらの穴があいていて、その穴に対して決められたとおりに働きかければ、必ず決められたとおりの反応が返ってくるということだけなのです。

インタフェースとは、下位レイヤーをあやつり、仕事をしてもらうための窓口のようなものなのです。そして、その窓口のデザインの良し悪しが、使い勝手の良し悪しに効いてくるのです。

抽象的な話ではわかりにくいと思いますので、少し具体的な例で考えてみましょう。ここではテレビのリモコンを取り上げます。例えばリモコンの電源ボタンを押すとテレビがつきますが、その場面をレイヤー構造の図にすると図17のようになります。

「リモコン」というブラックボックスについている「電源」ボタンに「押す」という働きかけをすることによって、「テレビがつく」という反応が返ってきます。リモコンには、電源ボタンのほかにもいろいろなボタンがついています。チャンネルを指定するもの、ボリュームを上げたり下げたりするものなどです。それらのボタンを押すと、押したボタンに応じてテレビの状態が変化します。リモコンについているボタンの一つひとつが、インタフェースの穴に対応するのです。

インタフェースのデザインについて、ここで少し触れておきましょう。どういうボタンを用意するか、どのボタンにどう働きかけるとどういう反応が返ってくるようにするかのデザインについてです。例えば、リモコンに、一般的にあるようなチャンネルボタンや電源ボタンなどをつける代わりに、「○」、「△」、「□」、「×」と書いたボタンを用意し、「○△□」の順に押していけばテレビがつき、「×」を連打すればテレビが消えるようにするというデザインも技術的には可能です。しかし、これでは、わかりにくく、使いにくいものになってしまいます。ボタンを見ただけでは、どのボタンにどう働きかけると、どういう反応が返ってくるのかのイメージがつかめないからです。つまり、働きかけと反応との対応関係をイメージしやすいデザインが、よいインタフェースとなるのです。

リモコンへの働きかけは、「どのボタンに働きかけるのか」という目的語に対応する語彙と、ボタンに対して「どのように働きかけるのか」という述語に対応する語彙とを組み合わせた形になります。目的語に対応する語彙としては、「電源」のほかに「1」や「消音」などがあります。また、述語に対応する語彙としては、ボタンを「押す」のほかに「押し続ける」や「二回押す」などがあり得ます。

レイヤー構造の図は、式の形で表現することもできます。ブラックボックスに対して何かしらの働きかけをすると、その働きかけに応じて反応が返ってくるというわけですから、それを函数の形でつぎのように表現することにします。

ブラックボックス（働きかけ）→ 反応

これをリモコンを使ってテレビをつける場合に応用すれば

リモコン（押す、電源）→ テレビがつく

となります。「リモコン」がブラックボックスで、「押す」と「電源」が働きかけの語彙です。語彙は述語、目的語の順で英語式に並べてみました。もちろん、これを日本語式に目的語、述語の順で並べてもかまいません。どういうルールで語彙を並べるのかさえはっきりしていれば、それでよいのです。この並べ方のルールが文法にあたります。

さて、リモコンの電源ボタンをもう一度押してみましょう。今度はテレビが消えます。さらにもう一度押すと、今度はテレビがつきます。これを式の形で書けば

リモコン（押す、電源）→ テレビが消える
リモコン（押す、電源）→ テレビがつく

となります。同じ働きかけをしているのに、働きかけるたびに違う反応が返ってくるわけです。このような反応を「トグル」といいます。テレビがついていれば消し、消えていればつけるという反応です。働きかける相手の状態に応じて、働きかけの結果が変わってくることもあるのだということを、ここで覚えておいてください。

ここまでの話を応用して、いろいろな場面を表現してみましょう。例えば、朝のあいさつで「お

はよう」と声をかけたら「おはよう」と返事が返ってきたという場面であれば

相手に（いう、おはよう）→　おはよう

となります。また、梅干を見たら、よだれが出てきたという、「パブロフの犬」のような条件反射の場面であれば

自分が（見る、梅干）→　よだれが出る

というようになります。自分自身がブラックボックスというのは不思議な気もしますが、そういうように体ができているので、しかたがないのです。ここで、「相手に」や「自分が」のように、「に」や「が」をつけていますが、これは読みやすくするための方便です。必ず必要なものなのではありません。

プロトコルシーケンス

これでようやく「受け答え」の話をする準備ができました。受け答えは一人ではできませんから、ここではAさんとBさんとでの間の受け答えを考えていくこととします。さっそく、物の貸し借

りをする場面を考えてみましょう。会話の流れは普通はつぎのようになります。

A　「貸してね」
B　「いいよ」
A　「ありがと」
B　「どうぞ」
A　……

Aさんにとってのさん、BさんにとってのAさんは、たがいにブラックボックスになっています。相手が何を考えているのかは、声をかけることによって働きかけ、それで返ってきた反応から想像するしかないのです。そして、その相手からの反応に応じて、つぎに相手にどう働きかけていくかを決めていきます。受け答えは、このような働きかけと反応との繰り返しでできています。ですから、この繰り返しによる会話の流れを、リモコン操作のときと同じ形で表現することができます。Aさんの立場から表現すると、つぎのようになります。

Bに（いう、貸してね）　↓　いいよ
Bに（いう、ありがと）　↓　どうぞ

Aさんにとっての B さんはブラックボックスです。Aさんはまず、B さんに「貸してね」というセリフで働きかけます。すると、その反応として、「いいよ」というセリフが B さんから返ってきます。Aさんはこのセリフを受け、B さんから物を貸してもらえると判断します。そこで、貸してもらえることを期待して「ありがと」というセリフで B さんに働きかけ、物を受け取る準備をします。すると B さんから「どうぞ」というセリフが返ってきて、実際に物が借りられることになります。

これを B さんの立場からみると、A さんがブラックボックスになります。A さんからの「貸してね」というセリフを受け、A さんに「いいよ」というセリフで働きかけます。すると、A さんから「ありがと」というセリフが返ってきて、これで A さんに物を貸す準備が整います。そこで、「どうぞ」というセリフとともに、物を貸してあげるわけです。B さんの立場から、働きかけと反応との流れを表現すると、つぎのようになります。

Aに（いう、いいよ）→ ありがと

Aに（いう、どうぞ）→ ……

ここまでの書き方では、両方の立場からの働きかけと反応との関係を同時に示すことが残念ながらできません。何かしらの工夫が必要になるのですが、これには便利な方法があります。それが

「プロトコルシーケンス」という考え方です。これを使えば、おたがいの働きかけと反応との関係を、会話の流れ図として表現することができるのです。物を貸し借りする場面での会話の流れを図にしてみましょう。図18では縦方向が時間の流れで、上から下への順で会話が進んでいきます。また、右向きの矢印がAさんからBさんへの働きかけで、左向きの矢印がBさんからAさんへの働きかけです。

ここでは、物を借りてから返すまでの流れを図にしています。自分にとっての働きかけは相手にとっての反応になっています。おたがい、話し相手というブラックボックスに向かって働きかけることで、会話が進んでいくのです。

プロトコルシーケンスという考え方は、パ

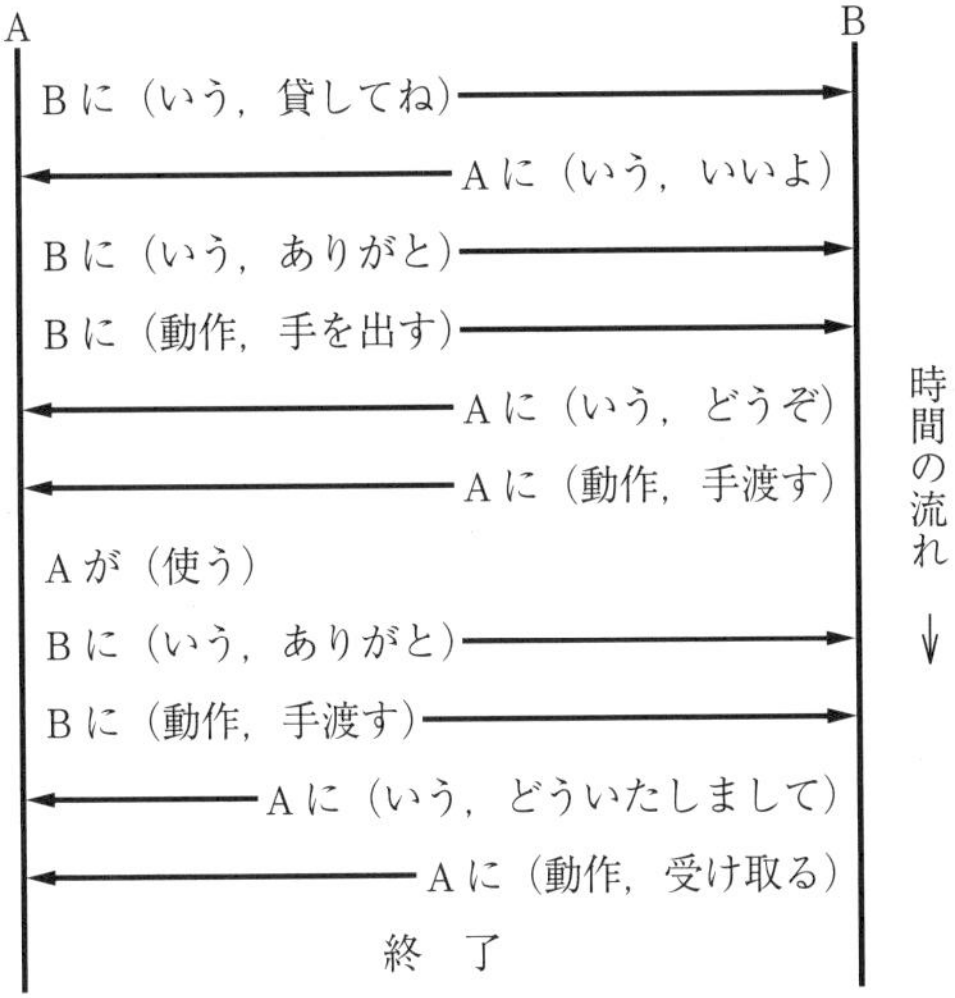

図18　物の貸し借りのプロトコルシーケンス

ソコンやインターネットの世界に限らず、工学の世界で広く使われています。さらに、これと同じ考え方は、ほかの世界でも使われています。例えば教育学の世界、特に発達科学の世界で使われている「スクリプト」という考え方が、プロトコルシーケンスと同じものなのです。

発達科学の世界では、子どもが物の貸し借りのしかたやあいさつのしかたなどを学んで身につけることを「スクリプトの獲得」といいます。ここでいうスクリプトとは、日常生活で頻繁に使うことになる、定型的な受け答えのしかたを指します。いわゆる「お作法」のことと思ってもらってかまいません。子どもどうしでのコミュニティーや、大人とのかかわり合いのなかで、それら基本的な受け答えのしかたを学んでいくのです。そして、基本的な受け答えのしかたを覚えると、徐々に複雑な受け答えができるようになっていきます。

最初のうちは、大人にいわれるままに機械的な受け答えをしているだけですが、ある程度慣れてくると、「こういう場面では、だいたいこんなふうにすればいい」というイメージがつかめるようになってきます。すると、いろいろな場面でそのイメージを試してみて、実際にそれでよいのかどうか確認ができるようになります。うまくいかなければイメージを修正してまた試してみればよいのです。そして、イメージの確認がとれると、あとは自由に使いこなせるようになります。こうして得られるイメージの世界を、「スキーマ」といいます。スキーマは、スクリプトを抽

表 5　発達科学のレイヤー構造

抽象レイヤー	スキーマ
具象レイヤー	スクリプト
言語レイヤー	語彙・文法

象化したものであるということができます。なかにはこれを「シェーマ」とか「シェマ」という人もいますが、基本的には同じものです。スクリプトは具象レイヤーでの理解、スキーマは抽象レイヤーでの理解に対応するといえます（表5）。

学校英語が使えない？

よく、「学校英語が使えない」といいますが、それはある意味当然のことなのです。学校では語彙と文法についてはよく勉強しますが、受け答えの部分についてはほとんど勉強しないからです。簡単なスクリプトの勉強はしますが、それらは日常生活では必要とされないため、実際に試してスキーマを獲得することができません。そのため、学んだスクリプトどおりの会話しかできないのです。

しかも、スキーマには地域差があるため、プロトコルシーケンスの組み立て方も地域によって大きく異なります。同じアメリカでも、ニューヨークとカリフォルニアとでは別物になるのです。そのため、使える英語を身につけるためには、地元の人たちとの会話を通して日常生活のなかで学んでいくしかないのです。

英語の場合ではイメージがつかみにくいと思いますので、ここでは日本語の場合を例に挙げてみましょう。例えば、大阪には、ボケたらツッコむというプロトコルシーケンスがありますが、これはほかの地方ではほとんど使われません。大阪の人がほかの地方で暮らすようになると、「ボケたのにツッコんでもらえない」、「会話がつながらない」、「冷たく対応される」などという受け答えの悩みを抱えることになります。ブラックボックス風に表現すれば

大阪人に（いう、ボケ）→ツッコミ
東京人に（いう、ボケ）→何それ?

というようになります。相手にちゃんとツッコんでもらえればプロトコルシーケンスを組み立てていくことができるのですが、それと違う反応をされてしまうと言葉につまってしまうのです。

英語が話せないのもこれと同じで、「どういう働きかけに対してどういう反応をすべきか」や「どう働きかけるとどういう反応が返ってくるのか」についての習慣をまったく知らずにいるからなのです。逆にいえば、地元のプロトコルシーケンスを身につけることができれば、問題なく英語を話せるようになれるということでもあるのです。学校英語を普通に学んでいれば、下手なアメリカ人並には語彙や文法の能力を持ち合わせていることになります。ですから、実際にアメリカで生活するようになれば、じきに下手なアメリカ人並には英語がしゃべれるようになることでしょう。ただし、そうなれるためには、地元のプロトコルシーケンスの組み立て方を理解する能力を持ち合

わせている必要があります。発達科学の言葉でいえば、スクリプトを読み解いてスキーマを獲得する能力ということになります。

サイエンスとブラックボックス

「サイエンス」というと、ロボットなどの先端技術をイメージする人が多いのかもしれませんが、英語の「サイエンス」にも中国語の「科学」にも、そういう意味はありません。どちらも、「知識化されたものの体系」という意味をもつのです。ですから、「ケーキがおいしいお店」も「今週の運勢」も「オカルト」でさえも、「サイエンス」であり「科学」なのです。事典やガイドブックやマニュアルのような形で書籍化できるものであれば、何でもかんでも「サイエンス」であり「科学」なのです。だからこそ、文学や哲学などを対象として知識化する「人文科学」や、政治や経済などを対象として知識化する「社会科学」などもあるのです。そして、いわゆる「科学」としてイメージされるものは、「自然科学」に対応します。「科学」の意味は普通に思われているものよりずっと広いのです。

人間活動のうち、知識化されたものをサイエンスというのに対し、知識化されていないものは英語では「アート」といいます。いわゆる芸術です。職人技などの技術も含みます。先端技術はサイエンスよりもアートに近いのです。単純な二分法でいってしまえば、世の中の人間活動はアートとサイエンスとに分けられるということになります。知識化されているかどうかの違いはレイヤーの違いに対応します。アートとサイエンスのレイヤー構造は、表6のようになります。

アートをアートとして表現するのがアーティストで、アートを知識化するのがサイエンティストなのだということができます。つまり、アートとサイエンスとのインタフェースをとるのが、サイエンティストの仕事なのです。知識化されたものをたくさん知っているというだけの人はアーティストでもサイエンティストでもありません。ただの暗記マニアです。サイエンスはアートを使いこなすための道具なのですが、道具を持っているというだけで、使い道を理解できていないからです。

この、「アートの知識化」が研究活動に対応し、「知識化されたものの学習」が勉強に対応します。ただし、「アート」が指すのは人間活動だけです。自然現象はアートではありません。ですから、自然現象を知識化する自然科学の研究は、人間活動を知識化する研究とは種類が違ってくるのです。

例えば、人間活動の知識化であれば、何が正しくて何が間違っているのかを、多数決や政治や学会の権威のようなもので決めることができますが、自然現象の知識

表6　人間活動のレイヤー構造

抽象レイヤー	アート	アーティスト	技芸の世界
		サイエンティスト	研究の世界
具象レイヤー	サイエンス	暗記マニア	勉強の世界

化にはまったく通用しません。アートは人間活動に便利なように自由に形を変えていくことができますが、自然現象は人間の都合には合わせてくれません。自然現象の知識化は人間の思いどおりにはならないのです。ですから、人間活動の知識化で用いられる理屈は通用しないのです。

人間活動にせよ、自然現象にせよ、知識化することができれば、ブラックボックスの形で表現することができます。例えば、つぎのように○×式に表現することができるのです。

自然科学（太陽は東から昇る）→○
自然科学（太陽は西から昇る）→×

ある社会（月にはウサギがいる）→○
自然科学（月にはウサギがいる）→×

洋の東西を問わず、太陽は東から昇ります。誰かが太陽に「西から昇ってください」とお願いしてもかないません。ですから、自然科学の知識では「太陽は東から昇る」が「○」になり、それ以外の方向は「×」になります。しかし、人間活動の知識化の場合は事情が違います。例えば、ある社会の偉い先生が「月にはウサギがいる」と主張したとしましょう。その社会で、「偉い先生がいっているのだから正しいに決まっている」と認められると、それはその社会における「科学」になります。たとえ自然科学的には間違っていても、その社会のなかでは「○」なのです。そのような、特定の社会集団のなかでのみ成立する「科学」を「社会的現実」といいます。

世の中には、社会的現実によるさまざまな「科学」がまかり通っています。それぞれ、どういう社会集団で成立する「科学」なのか、つねに注意を払って対応する必要があります。見極めの手がかりとして、自然科学が使えます。自然現象は人間活動の外にあり、社会的現実には影響されないからです。

話を戻しましょう。サイエンスは、ブラックボックスの形で表現された知識を集めて整理した辞書のようなものなのです。ブラックボックスの形で知識を表現すると、パソコンに覚えさせることができます。そうしてできあがるのが、いわゆる人工知能です。人工知能は抽象レイヤーでの思考を扱えないのですが、その理由は次章でみていきます。

4　リテラシーの獲得

遊ぶ能力

ここでは、どのようにして「抽象レイヤーでの情報の解釈能力」、つまり「リテラシー」が獲得されていくのかについてみていきます。そのため、まず初めに「遊ぶ能力」についてみていきます。この能力を基礎として、リテラシーが獲得されていくのです。

ここでいう「遊ぶ能力」は、冒険や探検に近い意味合いを持ちます。いままでに見たことも聞いたこともないものに働きかけ、その反応を確かめることによって性質を見極め、自分のものとし、かかわり合いかたを獲得していく能力です。

ですから、慣れ親しんだ環境で慣れ親しんだことをするような遊びは、ここでいう「遊ぶ」には含みません。例えば、「いつものおもちゃで遊ぶ」とか、「仲良しグループでいつもと同じように遊ぶ」とかのたぐいです。つまり、「どう働きかけるとどういう反応が返ってくるか」をイメージできるものとのかかわり合いの一切は、ここでいう「遊ぶ」に含まないのです。かなり厳しいようにみえるかもしれませんが、「目新しいものに興味を持ち手を出す能力」が、「遊ぶ能力」のうちの「働きかけ」の部分に対応するのです。

このような遊ぶ能力を考えるのには理由があります。これは哺乳類が共通に持っている能力だからです。哺乳類の最大の特徴は「コドモ」が遊ぶことにあります。犬や猫の「コドモ」は、目につくものには何にでも興味を持ち、じゃれついて遊びます。それに対して、ヒヨコも金魚もオタマジャクシも遊びません。鳥も魚も遊ばないのです。哺乳類の「コドモ」は、こうして遊ぶことによって、自分がこれから生活していく環境とのかかわりかたを学んでいくのです。

「目の前にある不思議」にじゃれつくことによって、「これはこういうものなんだ」という「なるほど」感を得て、「不思議」を「なるほど」に変えていくのです。そして、その「なるほど」がほかの似たような「不思議」にも使えるかどうかを試してみて、「この不思議には使えない」とか「この不思議には使える」という知識を集めていきます。そうしていろいろ試すことにより、その「なるほど」が「どういう場面で成り立つのか」のイメージを獲得してくのです。

このイメージを獲得する能力（あるところで得た知識を別のところに応用して使いこなせるよう

になる能力）を「汎化能力」といいます。内容的には，スクリプトからスキーマを獲得していく能力と同じです。つまり，スクリプトからスキーマへのインタフェースの能力です。ブラックボックス風に表現すれば

目の前にある不思議に（じゃれつく）→　なるほど

というイメージです。これは，自力で答えを見つけ出す能力であるともいえます。もっと単純にいってしまえば，「できるかな？」と試してみる能力であるといえます。要するに，遊ぶ能力は，自然科学の研究プロセスとまったく同じなのです。これは，ブラックボックスを手なずけ使いこなせるようになる能力であるともいえます。

例を一つ挙げましょう。物の出し入れを繰り返して遊んでいる赤ちゃんを見たことはありませんでしょうか？　それは，「物は見えなくなってもそこにある」ということを試して確認しているのです。これはいわゆる「保存則」の確認です。していることはサイエンティストそのものです。人は誰しも生まれながらのサイエンティストなのです。そして保存則が納得できると，別の遊びをし始めるのです。

遊びによる環境適応は，遺伝子による環境適応よりもずっと効率的です。遺伝子による環境適応には何百もの世代を重ねていく必要がありますが，遊びによる環境適応はその場でできてしまうか

らです。これが哺乳類の強さなのかもしれません。環境が突然変わったとしても、その場の「コドモ」世代が新しい環境にじゃれてなじんで適応してしまえるからです。

残念ながら、遊ぶ能力を持ち合わせているのは「コドモ」だけです。「オトナ」になるとまじめになり、遊ばなくなります。遊ぶ能力を失って遊べなくなるといったほうが正確なのかもしれません。普通に自然のなかで生活していく分にはそれでよいのでしょう。遊ばない分だけ、むだなく効率的に生活していけるからです。

しかし、人間の世界はそうはいきません。人工的に急速に環境が変化していくからです。まじめになり遊べなくなってしまうと、その後の環境変化に対応できなくなってしまいます。新しい環境に働きかけて、手なずける能力が失われるからです。遊べなくなった時点で時間が止まり、時代に取り残されていってしまうのです。ですから、人間の世界では、「コドモ」としての能力が一生必要とされるのです。

学習能力と汎化能力

「コドモ」は、いろいろなものにじゃれついて遊ぶことによって、未知のものを既知のものへと変えていく能力を磨いていきます。つまり、遊びによって試行錯誤のしかたを学んでいることになります。試行錯誤の能力は遊びを通して獲得されるものなのです。ですから，遊べない環境で育った「コドモ」は，試行錯誤ができない「オトナ」になってしまいます。

これについてはサルを使った一連の実験が有名です。「社会的隔離」といいます。社会から隔離して育てられた子ザルは，見たことのないものに遭遇すると，逃げようとしたり，おびえたり，暴力的にかかわったりしようとします。そして，慣れ親しんだ環境で慣れ親しんだことをすることを好みます。理解に手間がかかる複雑なものとのかかわり合いを避け，単純明快なものとのかかわり合いを好みます。これらは，正常な環境で育てられた子ザルとは正反対な行動です。未知のものを既知のものへと変えていく能力を持ち合わせていないため，未知のものを避けようとするのです。

それでも，学習能力は普通の環境で育った子ザルと変わりません。慣れ親しんだ環境で慣れ親しんだことをさせている限り，普通に育っているように見えるのです。

学習能力は哺乳類だけのものではありません。鳥も魚もちゃんと学習能力を持ち合わせています。遊ぶ能力を持ち合わせていなくても，学習はできるのです。ただし，応用はききません。できるのは，機械的な当てはめです。ちょうど，具象レイヤーでの理解に対応するのです。これを表にすると表7のようになります。

勉強してものを覚えていく「学習能力」と，未知のものとかかわり合い，試行錯誤

表7　環境への適応手段のレイヤー構造

抽象レイヤー	遊び	哺乳類
具象レイヤー	学習	鳥類や魚類など

によって手なずけていく「汎化能力」とは別々のものなのです。汎化能力を手に入れられないと、「言われたことは何でも覚えられるしできるけれど、言われないと何もできない」ようになるのです。

教科書のない世界

大学受験には偏差値がつきものですが、偏差値でわかるのは学習能力の部分です。汎化能力については何もわかりません。つまり、「言われたことを覚える」能力はわかりますが、「試行錯誤してものにする」能力があるかどうかはわからないのです。受験勉強をすれば偏差値を上げていくことができますが、それで汎化能力がつくわけでもないのです。

高校までは教科書に書いてあることを覚えれば合格なのですが、大学で学ぶものは高校までとは種類が違います。大学入試までの問題には必ず正解がありますが、大学では正解のない問題を扱うようになります。ある意味、教科書のない世界です。ですから、覚える能力だけでは立ち行かず、試行錯誤によって正解のない問題に立ち向かっていく能力が必要になります。

正解のない問題を取り扱うためには、「問題の立論」という抽象的な能力が必要になります。これは、仮のブラックボックスをデザインする能力でもあります。ブラックボックスの形でデザインされた問題にいろいろと働きかけ、その反応を検討することによって性質を明らかにし、手なずけていくのです。このプロセスでは、デザインの修正を何度も繰り返し、ブラックボックスの形を整えていく必要もあります。これは、ブラックボックスとのコミュニケーションによって、ブラックボックスとの受け答えのしかたを理解しようとするプロセスであるともいえます。ですから、偏差値だけで大学を選ぶと不幸なことになる場合があるのです。

数学の例を紹介しましょう。ある最高偏差値大学での話ですが、数学の成績順が、入試時と入学一年後とでみごとに入れ替わってしまうのだそうです。つまり、入試の成績からは、入学一年後の運命が予測できないのです。大学教育の現場では、「伸びきったゴム」といわれています。

大学数学の理解には抽象レイヤーでの情報の解釈能力が欠かせません。高校までは公式を暗記して当てはめていけば満点をとれるのですが、大学数学では、「数理論理」という論理構造を持った言語を操ってコミュニケーションがとれるようになる必要があるのです。高校までの常識は、大学では通用しないのです（表8）。

数学に限らず、高校までの授業は暗記ものが中心になっています。つまり、リテラルの勉強です。これに対し、大学ではリテラシーを前提とした授業になっています。

表8　数学のレイヤー構造

抽象レイヤー	大学	数理論理言語によるコミュニケーション
具象レイヤー	高校	公式暗記と当てはめ計算

ですから、リテラシーを持ち合わせていないと内容理解が難しくなります。しかし、学校教育のなかではリテラシーを学ぶ機会がありません。リテラシーは子どもの頃の遊びの積み重ねのなかで育っていくものだからです。学校ではリテラシー向上の手助けはできても、リテラシーそのものを教えることはできないのです。誰しも生まれたときには遊ぶ能力を持ち合わせているわけですから、就学前にできるだけ多様で複雑な環境に触れさせてあげるように気を配るくらいしかできないのかもしれません。

高校では、リテラシー教育としてパソコンの使い方を教えていますが、それはパソコンの操作のしかたの教育でしかありません。パソコンを操作できる（リテラル理解）というのと、パソコンを生活のなかで活用できる（リテラシー）というのとでは、話が別なのです。また、ビジネスの世界にも研究の世界にも教科書はありません。大学には、教科書のない世界でやっていくための準備期間としての意味合いもあるのです。

ですから、高校までと同じことを期待して大学に行くと、あまりに不親切でがっかりしてしまいます。しかも、教科書のない世界への準備期間としても役に立てられずに卒業してしまうことになります。このような準備期間は他に得られない貴重なものですから、有効に活用することをおすすめします。

人工知能の限界

このままパソコンの技術が高度化していくと、「やがてパソコンが意思を持ち始めて人間を支配するようになってしまうのではないか?」と不安を感じている人もいるかもしれません。しかし、これはできない相談なのです。

まず、人と同じように考え、話をすることができるパソコンを作ることができないのです。パソコンが人と同じように話をすることができるようになるためには、人の言葉の論理体系をパソコンに教えてあげることができる必要があります。しかし、人の言葉がどのような論理体系を持っているのかが、まだ理解されていないのです。人が人の言葉の論理体系を理解できていないので、パソコンに教えてあげることができないのです。

例えば、「二重否定」もよくわかっていません。現状でパソコンに教えてあげられるのは、数理論理の言葉だけです。つまり、普通の数学の言葉です。数学の言葉では、否定を二回繰り返すともとに戻ります。例えば、「今日は晴れている」と、「今日は晴れていなくない」とが完全に同じ意味になるのです。しかし、普通にこれらを見比べると、同じ意味とは思えません。同じには思えないのですが、「どう違うのか?」が、よくわかっていないのです。

図 19　水汲んで

これは、じつは現代数学の難問の一つなのです。大学数学では、このような問題も扱います。人が人の言葉を理解し、パソコンに教えられるようになるのは、かなり遠い将来になりそうです。

ほかにも難関があります。パソコンには、ブラックボックスの形で定式化された知識しか教えることができないのです。パソコンは、そうして人から与えられたブラックボックスを使って論理を組み立てることはできますが、自分自身でブラックボックスをデザインしていくことができないのです。つまり、教えられたことの組合せはできるのですが、自分から何かを考え出していくことができないのです。

そのため、パソコンはただの暗記マニアにしかなれません。人の言葉の論理体系を使ってものごとを考えることもできません。新しいことを考え出すこともできません。また、パソコンは「例外処理」が苦手です。マニュアルに従った仕事は素早く正確にできるのですが、ちょっとでもトラブルが起こってしまうと、途方に暮れてしまうのです。まして、図19のような、トラブルを逆手にとった対応はとりようがありません。

プロトコルによる階層分離

パーティーなどに参加すると、見ず知らずの人たちと会話をすることになりますが、そういう人たちとの会話はお好きでしょうか？　それとも、苦手でしょうか？

見ず知らずの人たちとの会話は、未知場面とのかかわり合いそのものです。どんな話題であれば話をかみ合わせることができるのか、まったくわからないからです。ですから、会話は試行錯誤から始まります。手持ちのプロトコルを総動員して働きかけ、それへの反応から、相手がどのようなプロトコルを持ち合わせているのかを探っていくのです。つまり、見ず知らずの人と会話ができるためには、試行錯誤の能力が必要なのです。

相手が持ち合わせているプロトコルがある程度わかってくると、会話がつながるようになってきます。どのようにプロトコルシーケンスを組み立てていけばよいのかがみえてくるからです。しかし、ありきたりの会話では、ありきたりのプロトコルしか必要なく、あまり「遊んだ」気になれません。

見ず知らずの人との会話の楽しみは、ありきたりの会話では引き出せない、相手の深いところにあるプロトコルをどれだけ引き出すことができるかにあります。それらのプロトコルは、自分にとって目新しいものであったり、知っているつもりでいたものに新たな視点を与えてくれるものであったりするのです。プロトコルに深みのある人との会話は楽しく、楽しい会話によってプロトコルを獲得し合い、たがいのプロトコルが豊かになっていくのです。

しかし残念ながら、汎化能力の持ち合わせがないと、未知場面へのかかわり合いそのものを拒否してしまうため，このような会話の機会を持つことができません。また，無理にかかわり合ったとしても，どのようにプロトコルシーケンスを組み立てていけばよいのかを発見できず，ありきたりの会話で話のネタが尽きてしまいます。相手の面白味を引き出せないのです。結局，汎化能力の低い人たちは，安心して会話のできる仲間たちとの，なじみの話題での会話に落ち着いていきます。

ですから，汎化能力の高い人たちどうしが会話によってたがいのプロトコルをどんどん豊かにしていけるのに対し，汎化能力の低い人たちのプロトコルは成長していきません。プロトコルの格差が，普段の何気ない会話を通してどんどん拡大していくのです。軽いおしゃべりをするにしても，豊かなプロトコルを持ち合わせている人たちとのほうが楽しいですから，汎化能力の高い人たちは高い人たちどうしで会話をするようになり，汎化能力の低い人たちとの会話はお付き合い程度となっていきます。

汎化能力の低い人たちにとっても，汎化能力の高い人たちとの会話は苦痛です。話の行間を補うために，豊富な事前知識が必要とされるからです。結果的に，交友関係は汎化能力がほぼ同じレベルにある人たちどうしに落ち着いていきます。そして，汎化能力でレベル分けされた社会集団が自然にできあがっていくのです。

ここで難しい問題が起こります。言葉は生き物ですから，プロトコルも時代とともにどんどん変化していきます。それぞれの社会集団内ではプロトコルの変化が共有されますが，社会集団間ではプロトコルの変化が共有されないのです。汎化能力の高い人たちは、ほかの社会集団のプロトコルも獲得することができますが、そうでない人たちは、ほかの社会集団のプロトコルを獲得することができないのです。

初めのうちは「話題がかみ合わない」という程度のギャップですみますが、やがて「言語」として分離していくことになります。汎化能力の低い人たちによる社会集団で育った子どもは、別の社会集団の人たちと会話を成立させることができなくなってしまうのです。そのため、自分が育った社会集団のなかに生活圏が制限され、言語によって社会が分断されていくのです。そのような分断社会の例として、イギリスが挙げられます。

5　文献と用語の案内

工学の言葉で表現される世界

この本で取り上げている概念の多くは、工学の世界の外にあります。広い意味での教育学や社会学が中心です。それらの世界での概念を工学の言葉に翻訳して表現しているのです。翻訳ですので、もとの世界での意味から、どうしてもはみ出してしまう部分やひずんでしまう部分がでてきます。ですから、それぞれの分野の専門家にとっては不満な部分も多いのではないかと思います。この本は、それぞれの分野間のつながりを示すことを目的の一つにしていますので、詳細についてはここで紹介する本にあたっていただければと思います。この本には、それらの分野に興味を持っていただくためのイントロとしての意味合いもあるからです。

同時に、インターネットで検索するときに使えるキーワードもできるだけ多く紹介するようにしています。分野によっては、専門家向けの本ばかりで適当な入門書が見当たらないこともあります。そのような場合でも、インターネット上で有益な情報を見つけられることが多いからです。ただし、情報の解釈については細心の注意が必要です。大学や企業のサイトに書かれている情報であっても、説明が不十分で誤解を招きやすい場合や、そもそも情報が間違っている場合も、少なからずあるからです。仕事の都合で専門外の文章を書いている担当者も世の中にはたくさんいるのです。

工学系の言葉や概念を使って表現するようにしているのには理由があります。工学の概念は、「実装」によってイメージを共有することができるからです。わからないことがあれば、自分の手で実際に物を作り、物を手にとって疑問点の確認をすることができるのです。抽象概念の解釈には、「見解の相違」による水掛け論にはまる危険がありますが、それを避ける手助けになるのです。工学系の表現方法が万能なわけではありませんが、概念の暴走を防ぐ歯止めとして、ある程度有効なのではないかと思います。これは、イメージ（アート）を知識（サイエンス）化する方法論であるともいえます。

レイヤー構造と通信工学

この本では「レイヤー構造」という考え方が頻繁に出てきます。これは通信工学の世界で用いられている概念です。インターネットの世界も、この考え方を使ってデザインされています。パソコンのソフトやOSも同じです。

レイヤー構造の勉強をするのには、小野欽司ほか著の『OSIプロトコル絵とき読本』（オーム社）が図解入りでわかりやすいのですが、かなり古い本であるため、図書館で探したほうが早いかもしれません。一九九五年ごろ以後に出版された本はインターネットに特化した作りになっており、技術の全体像が見えにくくなっています。インターネットが現在の形になっているのには理由があるのですが、理由を省略して結果の説明だけになってしまっているのです。まずは「OSI参照モデル」で検索してみるのがよいと思います。インターネットとの対応関係を、図を使って説明しているものが数多くみられます。ただし、その対応関係は、ものによってばらばらなところもありますので注意が必要です。

例えば、インターネット時代の感覚では、「ブラウザー」と「HTML」と「http」との役割分担がわかりにくくなってしまっています。順に、レイヤーの7、6、5に対応します（図5参照)。HTMLは文書の論理構造を記述するための言語なのですが、この言語で書かれた文書をやりとりするのがhttpの仕事で、文書の論理構造をビジュアルに表現するのがブラウザーの仕事なのです。

OSI参照モデルに出てくる、レイヤー間のコミュニケーションを「インタフェース」というのですが、これにはいろいろな書き方があります。「インターフェイス」や「インターフェース」という書き方もありますので、それぞれ検索してどのような分野がヒットするか調べてみるのもおもしろいかもしれません。例えば、専門の技術者は、本書のように「インタフェース」と書きます。これは、「日本工業規格」で決められている表記方法なのです。

ブラックボックスと情報科学

「ブラックボックス」という考え方は、通信工学の世界だけでなく、プログラミングの世界でも使われています。「オブジェクト指向」というプログラミングの方法論における「カプセル化」という考え方です。内容的にはブラックボックスとまったく同じものです。

オブジェクト指向の勉強は、本を読むよりも、先生について教えてもらったほうがずっと効率がよいと思います。勉強用のプログラミング言語としては「Ruby」がシンプルでわかりやすいという意見もあります。言語としての強力さも高く評価されています。これは日本人が作ったプログラミング言語なのですが、日本人はこの手のプログラミング言語を作るのが大好きな人種のようです。入門書として、広瀬雄二著の『Ｒｕｂｙプログラミング基礎講座』（技術評論社）などがあります。

ちなみに、「Ｊａｖａ」もオブジェクト指向のプログラミング言語です。Ｊａｖａは、セキュリティを確保するために「サンドボックス」という考え方を採用しています。「仮想計算機」というブラックボックスを用意し、Ｊａｖａで書かれたプログラムがその上で動くようにするのです。こうすることで「実計算機」がプログラムから見えなくなり、パソコンに悪さができなくなるのです。仮想計算機という形で、安全に遊べる砂場（サンドボックス）を作ってあげましょうという考え方です。

パソコン関係の仕事に興味があるのでしたら、オブジェクト指向の考え方をマスターしておいたほうがよいでしょう。オブジェクト指向に限らず、プログラムをしっかりと書けるようになるためには、数学のセンスが必要です。例えば、「函数」や「集合」などの考え方が必要になるのです。ほかにも、「状態遷移」や「クラス」や「汎化」など、マスターしておくべき概念はたくさんあります。数学が理解できていれば、オブジェクト指向の考え方も抽象レイヤーですんなりと理解することができます。数学の理解を省略して、手っ取り早くＪａｖａなどを使えるように勉強することもできるのですが、具象レイヤーでの理解にとどまってしまい、実戦では役に立ちません。お手軽な方法には落とし穴があるのです。

リテラル理解と発達科学

「リテラル理解」という考え方は、自閉症研究の世界で用いられているものです。ただし、この用語については定着した日本語訳が見つかりませんでしたので、英語の用語を直訳して用いています。ですから、インターネットで検索しても、この用語は出てこないと思います。

この考え方については、例えば、フランチェスカ・ハッペ著の『自閉症の心の世界』（星和書店、書誌上はフランシス・ハッペ）が参考になります。この本は彼女の学生時代の仕事をまとめたものなのですが、ちょっと専門的で難しいかもしれません。この本の日本語版序文で、リテラル理解という考え方を理解するのに役立つ民話が紹介されています。和尚と小僧との道中話なのですが、まずはそこだけでも読んでみるのはいかがでしょうか。和尚のいいつけをまじめに守ろうとするほど叱られてしまう小僧のお話です。

リテラル理解とリテラシーとのレイヤー関係は、自閉症研究での「心の理論」という考え方を通信工学の形式で表現したものです。このレイヤー関係は、自閉症に限らず、一般的に扱える話なのです。心の理論については、子安増生著の『心の理論』（岩波書店）が読みやすいのではないかと思います。

自閉症は先天性の発達障碍《しょうがい》なのですが、自閉症の全体像を勉強するには、ローナ・ウイング著の『自閉症スペクトル』（東京書籍）が網羅的でよいと思います。彼女には自閉症の娘さんがいるのですが、母の視点からの愛情に満ちた本になっています。

また、自閉症の当事者による本として、ニキ・リンコ、藤家寛子共著の『自閉っ子、こういう風にできてます！』（花風社）が楽く読めてよいのではないかと思います。心の理論では、自閉症はリテラル理解にはまっていてリテラシーに欠けている状態と考えられているのですが、リテラル理解（具象レイヤー）とリテラシー（抽象レイヤー）とのインタフェースが独特なものになっている状態なのだと考えたほうがよいのかもしれません。

なお、リテラル理解とリテラシーとのレイヤー関係は、「ソシュール」でいう、「シニフィアン」と「シニフィエ」との関係に近いものがあります。言語学の世界で昔から考えられてきたことを、通信工学の形式で表現し直したということにもなるのです。対応関係は、表9のようになります。

表9　ソシュールのレイヤー構造

抽象レイヤー	シニフィエ	リテラシー
具象レイヤー		リテラル理解
言語レイヤー	シニフィアン	

汎化と動物行動学

「汎化」というキーワードの扱いには難しいところがあります。いろいろな分野でそれぞれの意味で使われているからです。例えば、心理学系（自閉症研究、療育、発達心理など）や工学系（オブジェクト指向、ニューラルネット、人工知能など）の分野があります。「般化」と書く分野もあります。この用語に込められるニュアンスも、「一を聞いて十を知る」から「バカノヒトツオボエ」まで、じつにさまざまなものがあります。「抽象化すること」という意味で使われる分野もあります。

この本では、「一を聞いて二を試す」という程度の意味合いで用いています。つまり、ある情報を手に入れたとき、「おもしろそうだから試してみよう」と、その情報を使って遊ぶ能力があるかどうかに着目しているのです。こうして遊ぶことによって「二」の確認ができると、あとは「三」でも「十」でも自分で試して知ることができます。すると、「百」でも「千」でも、試すまでもなく、結果がどうなるかをイメージできるようになります。こうして、情報は抽象化されて理解されたということになるわけです。

この本での「遊ぶ能力」の考え方は、動物行動学の世界での話を参考にしています。南徹弘著の

『サルの行動発達』（東京大学出版会）がおすすめです。刺激の少ない環境で育てられると遊ぶ能力が育たず、試行錯誤能力が獲得されないために新しい環境に適応できなくなるという実験も、この本で紹介されています。

ただし、動物行動学の世界での「汎化」は、「遊ぶ能力」とは別の文脈で使われていますので注意が必要です。「刺激般化」といい、「バカノヒトツオボエ」に近い意味合いで用いられます。これは「パブロフの犬」に近い概念です。

社会的スキル訓練と心理学

大人になると遊べなくなり、新しい環境に適応する能力が失われるというニュアンスの話をしているのですが、完全に失われるわけではありません。これがサルとヒトとの一番の違いです。この能力を磨くにはどうすればよいのかとよく聞かれるのですが、あり合わせの材料での料理を日常的に作ることをすすめています。あり合わせの材料をどう組み立てて料理していくかを考えるのに、遊ぶ能力が必要なのです。あり合わせの材料を使うという場面が、未知場面に相当するのです。また、手際よく料理を作るには、プロトコルシーケンスのセンスが必要です。コンロもまな板も数が限られていますから、下ごしらえの順番をしっかり考えてそれらを使っていかないと、むだな待ち時間ができてしまったりするのです。お客さんが来たときに、材料の分量調整ができるかどうかにも、遊ぶ能力がかかわってきます。遊ぶ能力が足りないと、決まった料理を決まった人数分だけ作るのは得意でも、人数が変わるとどうしたらよいかわからなくなってしまうのです。

料理に限らず、あり合わせの道具であり合わせの作業をするものであれば、部屋の片付けでも庭いじりでも何でもよいのです。しかし、あり合わせの作業が苦手という場合には、形から入る方法もあります。「SST」という略称で知られている方法です。日本語訳はいろいろですが、「社会的スキル訓練」とするものが多いようです。

社会的スキル訓練の概要については、相川充著の『人づきあいの技術』(サイエンス社)がわかりやすいと思います。社会的スキル訓練はいろいろな場面で使えるのですが、この本は対人関係に的を絞っています。

社会的スキル訓練では、人づきあいが下手なのは、人づきあいの技術をあまり持ち合わせていないからなのだという視点でものごとを考えます。「あの人はああいう人だから…」とレッテルを貼られて避けられている人であっても、人づきあいの技術を身につければ変わることができるのです。また、まわりの人と衝突を繰り返す人や、人の話を聞いてくれない人などが、なぜそういう行動をとるのかについても、説明してくれます。

人づきあいが下手というのは、要するに、プロトコルシーケンスの組み立て方に問題があるのです。そこで、人づきあいの基本的なプロトコルシーケンスを練習し、練習どおりにすれば仲良くしてもらえるということを体感してもらうのです。その体感の積み重ねで、練習の有効性を納得してもらいます。有効性が納得できれば、高度なプロトコルシーケンスも練習してみる気になれるものです。

社会的スキル訓練の学術面に興味があるのでしたら、坂野雄二著の『認知行動療法』（日本評論社）がおすすめです。「認知行動療法」は精神科医療の現場でも使われているテクニックなのですが、これの応用として社会的スキル訓練もあるのです。

認知行動療法では、「その人がどのように世界を認知しているか？」に着目します。「認知」とは「社会的現実」の個人版です。日常生活をスムーズにするのに有利な社会的現実を、「ロールプレイ」などの演習を通して獲得することを目指すのです。

社会的現実の入門書としては、例えば池田謙一著の『社会のイメージの心理学』（サイエンス社）があります。この本では「集団浅慮」などの話も紹介されています。「三人寄れば文殊の知恵」ということわざがありますが、現実社会では「三人寄れば愚か者」になってしまうことがよくあるのです。例えば、仲良しグループ間での対立があり、反目し合っている場合、仲良しグループ内の結束を固めようとしてエスカレートすると、愚か者になってしまうのです。

ちなみに、「結婚」や「家族」などに対する常識は、戦後に、我妻栄や中川善之助らが「民法」

という形で作り上げた社会的現実なのです。そういう意味で、誰もが何かしらの社会的現実のなかで生きているのです。

人工知能と数学

パソコンが知性を持てない理由をちゃんと理解するためには、数学の知識が必要です。特に、「集合論」に出てくる「述語論理」という考え方が必要になるのです。集合論の入門書としては、野崎昭弘著の『不完全性定理』（筑摩書房）がよいと思います。数学が苦手な人でも読めるような、お話形式の本になっています。

パソコンが知性を持っているかどうかを判定するにはどうすればよいかという問題意識は古くからあり、「チューリング・テスト」というものが提案されています。文通相手が人間かパソコンかを、文通のみで判定することができないのであれば、文通相手のパソコンは知性を持っていると判断してよいとするものです。

しかしこのテストでは「中国語の部屋」という問題をクリアできません。この問題では、中国語を話せる人が中国語で文通をする場面を考えます。文通相手は中国語をまったく知らない外国人です。その外国人は、「この順番で文字が並んだ文章には、この順番で文字を並べて返事すればよい」

という、膨大な中国語の辞書を持っています。それで、文通相手から手紙を受け取ると、その辞書を引いて、出てきたとおりに文字を書き写して返事をします。文通は何不自由なくできるわけですが、この場合、文通相手の外国人は中国語を理解できているといえるのか？　というのが、中国語の部屋という問題です。いわゆる人工知能は、この外国人と同じことをしているのです。内容理解を伴わない知識を持っているだけでは、知性があるとはいえないのです。

これと同じ問題が、心の理論での「メリー・アン課題」にもあるのです。メリー・アン課題は、「人はそれぞれ自分の心を持っている」ということが理解できているかどうかを判定するテストです。

メリー・アン課題についておおまかに紹介しましょう。机の上に置いてあった人形をメリーが箱Aにしまい、出かけていきます。メリーの留守中に、アンが箱Aにしまってあった人形を出し、箱Bにしまいます。さて、戻ってきたメリーは、どこに人形を取りに行くでしょうか？　という課題です。留守中に人形を動かされてしまったわけですから、箱Aに取りに行くはずなのですが、自閉症の人は、箱Bに取りに行くと思い込んでしまうのです。つまり、自分がわかるのだから、メリーもわかるはずだと思い込んでしまうのです。しかし、この課題をクリアできる自閉症の人もいることが知られています。

クリアできる人がいるのには理由があります。この課題や、この課題を複雑化した課題は、いずれも簡単なプロトコルシーケンスの図で表現できてしまうからです。図20のようになります。つまり、パソコンが理解可能な述語論理で記述することができ、中国語の部屋の外国人と同じ要領で対応できてしまうのです。

それぞれの人にとって、最後に働きかけをしたときの状態が情報として残り、それ以降の「状態遷移」は知ることができません。ですから、最後にプロトコルシーケンスのやりとりのあった時点での情報で判断すればよいのです。

メリー・アン課題を複雑にした形のプロトコルシーケンスは、通信を伴うシステムには必ず出てきます。銀行や証券のシステム、飛行機や新幹線の座席予約などです。ときどき新聞を賑わす大規模なシステムトラブルは、プロトコルシーケンスの設計ミスによるものが多いのです。システムがあまりに複雑になりすぎて、人形のありかがわからなくなってしまうのです。

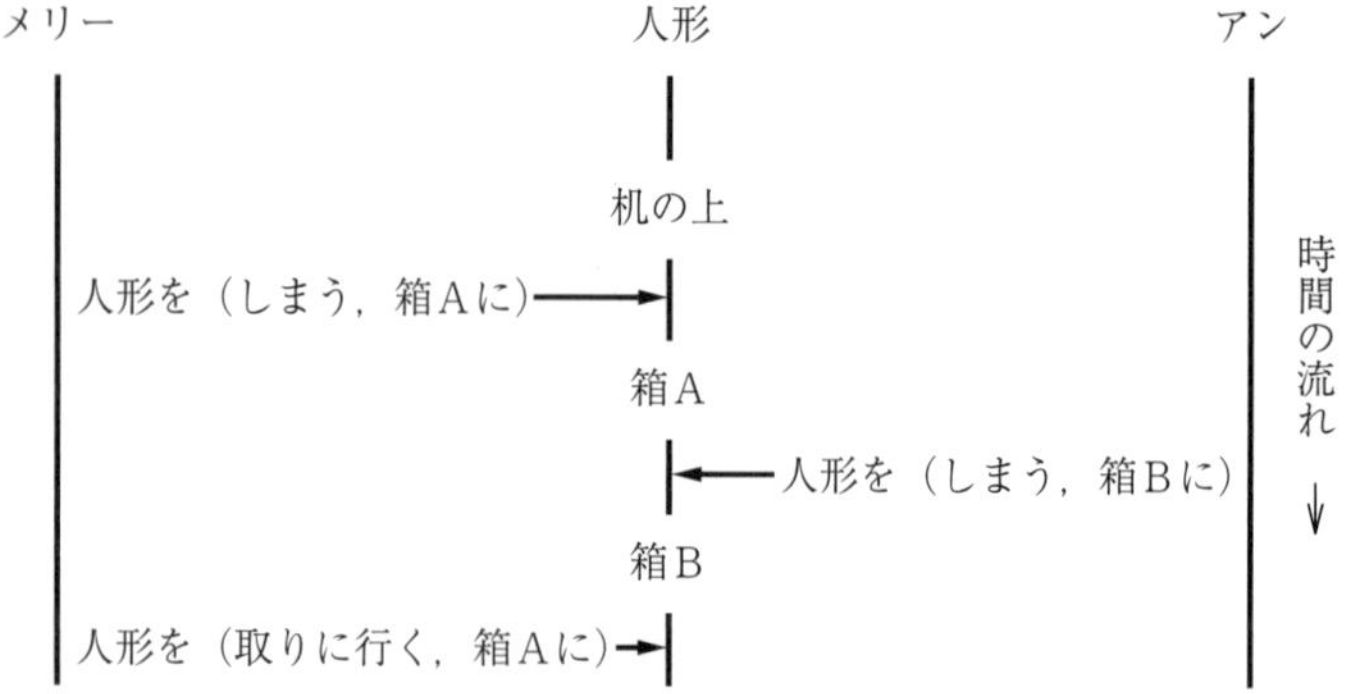

図20　メリー・アン課題のプロトコルシーケンス

あとがき

この本は、京都女子大学向け講義ノートのダイジェスト版です。講義では、社会心理学系の話（集団浅慮やアイヒマン実験など）や、マネジメント系の話（組織経営やコラボレーションなど）もしているのですが、本としてのまとまりを保つのが難しいことから、割愛しています。

それまで女子大で講義を持ったことがなかったため、最初の年はハラハラものでした。客筋の読めない講義の準備ほど恐ろしいものはありません。最初に用意した講義ノートはみごとに全面書き直しになりました。その後も反省と修正との繰り返しで、いまだに満足のいくレベルには至っておりません。しかも、せいぜい五十人と見込んでいた受講者数が、蓋を開ければ四百人と予想の一桁上をいっていました。想像力の限界を思い知らされます。

いろいろ戸惑いはありますが、これまで二千人もの受講者に恵まれ、おかげさまで講義を続けてくることができています。何はともあれ、興味を持って教室に来てもらえるのはとてもありがたいことです。

「まえがき」でも触れましたが、この講義の最後のコマでは、「この講義で学んだキーワード間の関係を一枚の図で表現してください」という課題を出しています。重要キーワード間の概念的な上下関係や対置関係が理解できているかどうかを確認するための課題です。この課題にはもう一つの目的があります。どの話がどのように誤解されて伝わってしまっているのかを洗い出す材料として使うのです。「教室」というブラックボックスへの働きかけが、どのように解釈されているのかを確認するために反応をみているのだということもできます。要するに、「遊び」の応用となっているわけです。

この「遊び」には思わぬ副産物もあります。「これでもか」というほど緻密な図を描いてきてくれる人がいる一方で、大胆にデフォルメしたイラストを描いてきてくれる人もいるのです。四コマ漫画もあれば、謎の抽象画もあります。「何だこれは？」的なショッキングな図も、じっと眺めていると、「あの話がこういう形になったのか」と、割とわかるものです。本文中では、それら作品からいくつか選び、それぞれ作品の一部分を切り出して紹介しました。本当は部分の切り出しでない形でお見せしたかったのですが、ページの間尺に合わず、さわりのみの紹介となってしまいました。

最初に用意した講義ノートが全面書き直しになったあおりを受け、指定していた教科書も、年を追うごとに講義内容とのギャップが広がっていきました。教科書を指定し直すにも、適当な本が見当たらず、困っていたところでコロナ社さんに出会ったのでした。

コロナ社さんとの出会いは偶然の積み重ねによるものでした。それは、学会でたまたま議論をする機会があり、意気投合した日東紡音響エンジニアリング㈱の鶴秀生さんとの出会いから始まります。意気投合ついでに鶴さん主催のセミナーに顔を出してみたところ、早稲田大学の大石進一さんが講師として招かれており、久しぶりの再会となりました。そしてセミナー後に大石さんと昔話をしていたときに、大石さんと一緒に来られていたコロナ社さんを紹介していただいたのでした。

コロナ社さんに相談に乗っていただいた結果、書き下ろしで一冊書かせていただけることになりました。コロナ社さんには本当によくしていただき、心から感謝しております。

原稿は、愛媛大学の村上和弘さんにみていただきました。「できるだけ情け容赦ないコメントを」ということでお願いしたのですが、せっかくのコメントをうまく反映しきれなかったところも多く、勉強不足を思い知らされました。

アートとサイエンスの話は、スタンフォード大学のドナルド・クヌースさんにお聞きしたものをもとにしています。「人が理解できること」と「機械に教えられること」とのギャップをそれまで考えたことがありませんでしたので、とても新鮮で印象的でした。この本を通して、「理解できること」と「教えられること」とのギャップを感じていただくことができれば幸いに思います。

索　　引

人のことば，機械のことば

—プロトコルとインタフェース—

2006年12月28日　初版第1刷発行

検印省略

著　者　石《いし》　山《やま》　文《ふみ》　彦《ひこ》

発行者　株式会社　コロナ社

代表者　牛来辰巳

印刷所　萩原印刷株式会社

112-0011　東京都文京区千石4-46-10

発行所　株式会社　**コロナ社**

CORONA PUBLISHING CO., LTD.

Tokyo　Japan

振替　00140-8-14844・電話（03）3941-3131（代）

ホームページ　http://www.coronasha.co.jp

ISBN 4-339-07705-4　（大井）　（製本：愛千製本所）

Printed in Japan

新コロナシリーズ
発刊のことば

西欧の歴史の中では、科学の伝統と技術のそれとははっきり分かれていました。それが現在では科学技術とよんで少しの不自然さもなく受け入れられています。つまり科学と技術が互いにうまく連携しあって今日の社会・経済的繁栄を築いているといえましょう。テレビや新聞でも科学や新しい技術の紹介をとり上げる機会が増え、人々の関心も大いに高まっています。

反面、私たちの豊かな生活を目的とした技術の進歩が、そのあまりの速さと激しさゆえに、時としていささかの社会的ひずみを生んでいることも事実です。

これらの問題を解決し、真に豊かな生活を送るための素地は、複合技術の時代に対応した国民全般の幅広い自然科学的知識のレベル向上にあります。

以上の点をふまえ、本シリーズは、自然科学に興味をもたれる高校生なども含めた一般の人々を対象に自然科学および科学技術の分野で関心の高い問題をとりあげ、それをわかりやすく解説する目的で企画致しました。また、本シリーズは、これによって興味を起こさせると同時に、専門分野へのアプローチにもなるものです。

●投稿のお願い

「発刊のことば」の趣旨をご理解いただいた上で、皆様からの投稿を歓迎します。

パソコンが家庭にまで入り込む時代を考えれば、研究者や技術者、学生はむろんのこと、産業界の人も家庭の主婦も科学・技術に無関心ではいられません。

このシリーズ発刊の意義もそこにあり、したがって、テーマは広く自然科学に関するものとし、高校生レベルで十分理解できる内容とします。また、映像化時代に合わせて、イラストや写真を豊富に挿入し、できるだけ広い視野からテーマを掘り起こし、科学はむずかしい、という観念を読者から取り除き興味を引き出せればと思います。

●体　裁

判型・頁数：B六判　一五〇頁程度

字詰：縦書き　一頁　四四字×十六行

なお、詳細について、また投稿を希望される場合は前もって左記にご連絡下さるようお願い致します。

●お問い合せ

コロナ社「新コロナシリーズ」担当

電話（〇三）三九四一－三一三一